Optical Interconnects for Future Data Center Networks

"十二五"国家重点图书出版规划项目
湖北省学术著作出版专项资金资助项目

世界光电经典译丛

丛书主编　叶朝辉

Springer

面向未来数据中心网络的光互联

Christoforos Kachris　Keren Bergman
Ioannis Tomkos

伍 剑 等 译

华中科技大学出版社
http://www.hustp.com
中国 · 武汉

湖北省版权局著作权合同登记　图字：17-2019-223 号

图书在版编目(CIP)数据

面向未来数据中心网络的光互联/(希)克里斯托福·卡克里斯(Christoforos Kachris)，(美)克伦·伯格曼(Keren Bergman)，(希)约安尼斯·汤姆科斯(Ioannis Tomkos)编著；伍剑等译．—武汉：华中科技大学出版社，2019.11
(世界光电经典译丛)
ISBN 978-7-5680-5799-8

Ⅰ.①面…　Ⅱ.①克…　②克…　③约…　④伍…　Ⅲ.①光电子技术　Ⅳ.①TN2

中国版本图书馆 CIP 数据核字(2019)第 231422 号

面向未来数据中心网络的光互联
Mianxiang Weilai Shuju Zhongxin Wangluo de Guanghulian

Christoforos Kachris
Keren Bergman　　编著
Ioannis Tomkos
伍　剑　　等译

策划编辑：徐晓琦
责任编辑：余　涛
封面设计：原色设计
责任校对：刘　竣
责任监印：徐　露
出版发行：华中科技大学出版社(中国·武汉)　　电话：(027)81321913
　　　　　武汉市东湖新技术开发区华工科技园　　邮编：430223
录　　排：武汉正风天下文化发展有限公司
印　　刷：湖北新华印务有限公司
开　　本：710mm×1000mm　1/16
印　　张：12.5　　插页：2
字　　数：208 千字
版　　次：2019 年 11 月第 1 版第 1 次印刷
定　　价：78.00 元

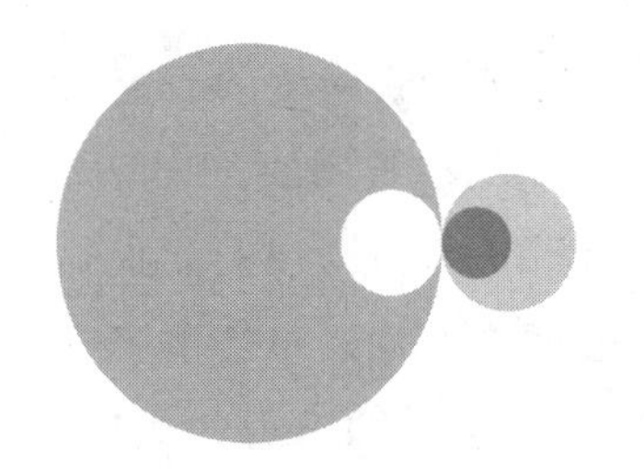

译者序

在中文版《面向未来数据中心网络的光互联》即将付印之际，恰逢我本人承担的国家自然科学基金重点项目“面向云服务数据中心的 OpenScale 全光交换网络”完成汇报并顺利结题。这两项成果都是对过去几年我的研究组在数据中心光互联网络方面研究工作的阶段性总结，所以首先要感谢华中科技大学出版社的信任及国家自然科学基金委对这个新兴方向的支持。

数据中心是当前“云时代”的信息基础设施，是各类云服务，如信息搜索、社交网络、互联网金融等的“大脑”。然而，要满足未来云服务的发展需求，当前的数据中心在通信带宽、网络架构、能耗及扩展性等方面面临巨大的挑战，因而在计算机网络技术和光通信技术交叉融合基础上发展起来的数据中心光互联网络，成为近年来学术界和工业界的研究热点。这也是光通信技术从长距离通信应用（如骨干网、城域网及接入网等）向短距离通信应用（如数据中心网络、芯片间网络及芯片内网络等）渗透的第一步。本书汇集了近年来国外在数据中心光互联网络方面的代表性研究成果。研究成果不仅来自高水平的学术机构，如美国哥伦比亚大学等，也来自使用数据中心提供云服务的互联网巨擘，如 Google 等。本书的撰稿人也都是活跃在这个前沿领域内的知名学者及研究人员，我与其中部分人员在国际会议中有过深入的交流讨论，所以也很高兴把这本书介绍给国内的科研同行。本书中，来自学术界和工业界的研究人员不仅总结了当前数据中心概貌及面临的带宽、能耗及扩展性等难题，也介绍了他们基于光通信技术提出的各种解决方案及其仿真和实验结果，还分享了对数据中心内光通信技术应用和发展趋势的思考，特别是在可扩展的光互联网络架构方面阐述了一些巧妙和有趣的思想。因此，本书不仅为相关领域内的科研工作者和工程技术人员提供了丰富的背景知识，也为其了解数据中心光互联网络的现状和发展趋势准备了翔实的资料，更对在这一领域开展深入研究具有重要的参考和启发价值。

本书的翻译人员都是国内最早一批从事数据中心光互联网络的研究人员，包括来自天津大学的吴斌教授（翻译第1、2章）、阿里巴巴集团的曹政博士（翻译第3、4章）、上海交通大学的张文甲副教授（翻译第5、9章）以及北京邮电大学的郭宏翔副教授（翻译第7、8章）和我本人（翻译第6章），最后由我和郭宏翔副教授进行了全书的审校，所以这本中文版是大家共同努力的成果。由于译者水平有限，书中难免会出现翻译错误和疏漏，希望广大读者给予批评指正。

译 者
2019年3月

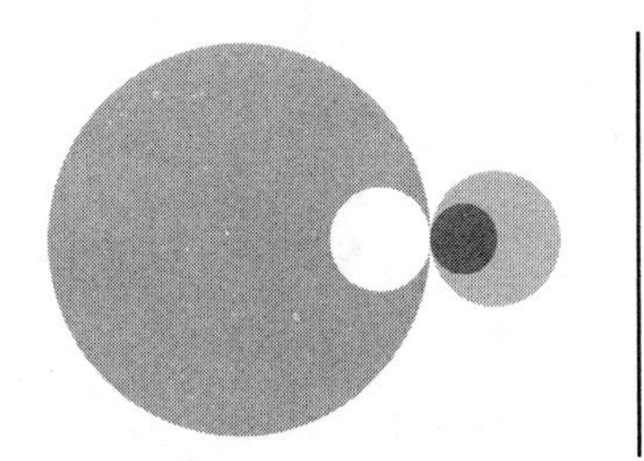

序

云计算、流媒体视频和社交网络等网络应用的兴起，促成了对更强大的数据中心的需求，这些数据中心需要比几年前高得多的带宽。为此，有必要针对数据中心设计高性能的互联网络，以便能在不耗费过多能源的情况下满足其内部的带宽需求。

在过去的几年中，许多研究人员指出了当前数据中心网络的局限性，并提出采用光互联是一个可行的解决方案。基于光互联的数据中心网络是一个跨学科的研究领域，涉及计算机网络、计算机体系结构、硬件设计、光网络和光器件等多个领域。因此，需要对上述领域进行广泛和深入的了解。本书收集了近年来大学和企业在学术研究领域提出的一些最具创新性的数据中心网络光互联架构。

本书是对高性能互联和数据中心网络领域感兴趣的科研人员、学生、教师和工程技术人员的宝贵参考书。此外，本书将为正在致力于高性能互联的研究人员和工程技术人员提供对光互联的好处和优势的宝贵见解，以及它们如何成为未来数据中心网络的有希望的替代方案。

最后，我们要感谢为本书做出巨大贡献的所有作者，他们帮助我们顺利完成这本书。

Peania, Greece	**Christoforos Kachris**
New York, NY	**Keren Bergman**
Peania, Greece	**Ioannis Tomkos**

前言

云计算和新兴网络应用的最新进展创造了对更强大数据中心的需求。这些数据中心需要高带宽互联,以支持数据中心服务器之间繁重的通信需求。基于电分组交换的数据中心网络需消耗过多的电力,才能满足未来数据中心所需的通信带宽。与目前基于商用交换机的网络相比,光互联作为一种能提供高吞吐量、低延迟和低能耗的新型解决方案,近年来成为关注热点。

本书介绍了数据中心光互联领域中提出的最新和最有前途的解决方案。首先,介绍了未来数据中心网络所面临的需求,以及如何通过光互联来提供数据中心扩展所需的带宽。未来数据中心的这些需求由主要数据中心的所有者和运营者所提供。其次,本书用较大篇幅介绍了许多由工业界和学术界领导者提出的基于光互联的数据中心网络架构。本书可以作为科研人员、教师以及对高性能数据中心网络和光互联感兴趣的网络和计算机工程技术人员的宝贵信息来源。

Biswanath Mukherjee

加州大学戴维斯分校计算机科学系

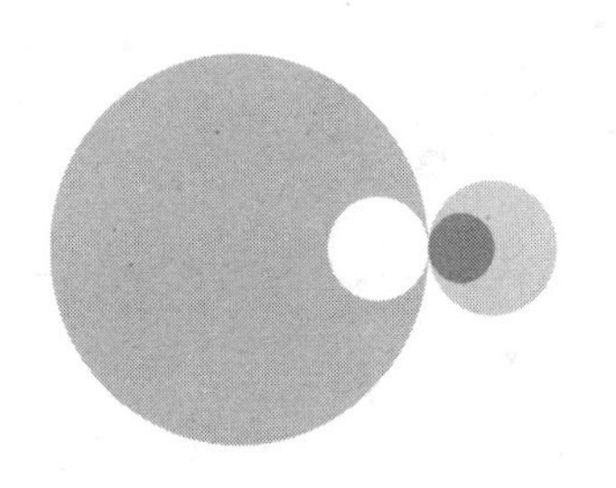

贡献者列表

Al Davis HP Labs, Palo Alto, CA, USA, ald@hp. com

Amin Vahdat Google Inc. , Mountain View, CA 94043, UC San Diego, USA, hongliu@google. com

Bert Offrein IBM Research Zurich, Säumerstrasse 4, Rüschlikon, Switzerland, ofb @zurich. ibm. com

Christoforos Kachris Athens Information Technology, Peania, Athens, Greece, kachris@ait. edu. gr

Cyriel Minkenberg IBM Research Zurich, Säumerstrasse 4, Rüschlikon, Switzerland, sil@zurich. ibm. com

Dayou Qian NEC Laboratories America, Inc. , 4 Independence Way, Princeton, NJ 08540, USA, dqian@nec-labs. com

Dzmitry Kliazovich University of Luxembourg, 6 rue Coudenhove Kalergi, Luxembourg, Dzmitry. Kliazovich@uni. lu

Folkert Horst IBM Research Zurich, Säumerstrasse 4, Rüschlikon, Switzerland, fho@zurich. ibm. com

H. Jonathan Chao Polytechnic Institute of New York University, Brooklyn, NY, USA, chao@poly. edu

Hong Liu Google Inc. , Mountain View, CA, USA, hongliu@google. com

Howard Wang Department of Electrical Engineering, Columbia University, New

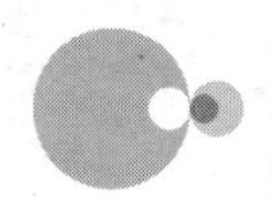

York,NY,USA,howard@ee. columbia. edu

Ioannis Tomkos Athens Information Technology ,Peania,Athens,Greece,itom@ait. edu. gr

Jens Hofrichter IBM Research Zurich,Säumerstrasse 4,Rüschlikon,Switzerland,jho@zurich. ibm. com

Kang Xi Polytechnic Institute of New York University, Brooklyn, NY, USA,kxi@poly. edu

Keren Bergman Department of Electrical Engineering,Columbia University,New York,NY,USA,bergman@ee. columbia. edu

Konstantinos Kanonakis Athens Information Technology, Athens, Greece,kkan@ait. edu. gr

Madeleine Glick APIC Corporation,Culver City,CA,USA,glick@apichip. com

Moray McLaren HP Labs,Briston,UK,moray. mclaren@hp. com

Naveen Muralimanohar HP Labs,Palo Alto,CA,USA,naveen. muralimanohar@hp. com

Nikolaos Chrysos IBM Research Zurich,Säumerstrasse 4,Rüschlikon,Switzerland,cry@zurich. ibm. com

Norman P. Jouppi HP Labs,Palo Alto,CA,USA,norm. jouppi@hp. com

Pascal Bouvry University of Luxembourg,6 rue Coudenhove Kalergi,Luxembourg,pascal. bouvry@uni. lu

Philip N. Ji NEC Laboratories America,Inc. ,Princeton,NJ,USA,pji@nec-labs. com

Robert S. Schreiber HP Labs,Palo Alto,CA,USA,rob. schreiber@hp. com

Ryohei Urata Google Inc. ,Mountain View,CA,USA,ryohei@google. com

Samee Ullah Khan North Dakota State University,Fargo,ND,USA,samee. khan@ndsu. edu

Yu-Hsiang Kao Polytechnic Institute of New York University, Brooklyn, NY, USA,ykao01@students. poly. edu

缩略语

ADC	Analog-to-Digital Converter	模数转换器
AOC	Active Optical Cable	有源光缆
ASIC	Application Specific Integrated Circuit	专用集成电路
AWGR	Arrayed Waveguide Grating Router	阵列波导光栅路由器
BPSK	Binary Phase Shift Keying	二进制相移键控
BTE	Bit-Transport Energy	单比特传输能量
CAGR	Compound Annual Growth Rate	复合年均增长率
CAWG	Cyclic Arrayed Waveguide Grating	循环阵列波导光栅
CMOS	Complementary Metal-Oxide Semiconductor	互补金属氧化物半导体
DCN	Data Center Network	数据中心网络
DDR	Double Data Rate	双倍数据率
DFB	Distributed Feedback Laser	分布反馈激光器
DML	Directly Modulation Laser	直接调制激光器
DSP	Digital Signal Processing	数字信号处理
DWDM	Dense Wavelength Division Multiplexing	密集波分复用
EARB	Electrical Arbiter	电仲裁器
EPS	Electrical Packet Switch	电分组交换机
FEC	Forward Error Correction	前向纠错

续表

FFT	Fast Fourier Transform	快速傅里叶变换
FIFO	First In-First Out	先进先出
FPGA	Field-Programmable Gate Array	现场可编程门阵列
FXC	Fiber Cross-Connect	光纤交叉连接
GHS	Greenhouse Gases	温室气体
HOL	Head-of-Line	队首
HPC	High-Performance Computing	高性能计算
HVAC	Heating, Ventilating and Air-Conditioning	采暖、通风和空调
IT	Information Technology	信息技术
ITRS	International Technology Roadmap for Semiconductors	国际半导体技术发展路线图
LAN	Local Area Network	局域网
MAN	Metropolitan Area Network	城域网
MEMS	Micro-Electro-Mechanical Systems	微机电系统
MIMO	Multiple-Input Multiple-Output	多输入多输出
MMF	Multi-Mode Fiber	多模光纤
MtCO2	Metric Tonne Carbon Dioxide	吨二氧化碳
NIC	Network Interface Card	网络接口卡
OFDM	Orthogonal Frequency-Division Multiplexing	正交频分复用
PD	Photo Detector	光探测器
PIC	Photonic Integrated Circuit	光子集成电路
PON	Passive Optical Network	无源光网络
QAM	Quadrature Amplitude Modulation	正交幅度调制
QoS	Quality of Service	服务质量
QPSK	Quadrature Phase Shift Keying	正交相移键控
QSFP	Quad Small Form-factor Plug-in	四通道小型可插拔
ROADM	Reconfigurable Optical Add Drop Multiplexer	可重构光分插复用器
SaaS	Software As A Service	软件即服务

续表

SCC	Single-chip Cloud Computer	单芯片云计算机
SDM	Space Division Multiplexing	空分复用
SDN	Software Defined Network	软件定义网络
SERDES	Serializer-Deserializer	串行器-解串器
SFP	Small Form-factor Plug-in	小型可插拔
SOA	Semiconductor Optical Amplifier	半导体光放大器
SMF	Single-Mode Fiber	单模光纤
TCP	Transmission Control Protocol	传输控制协议
ToR	Top of Rack Switch	架顶交换机
VCSEL	Vertical Cavity Surface Emitting Laser	垂直腔面发射激光器
WAN	Wide Area Network	广域网
WDM	Wavelength Division Multiplexing	波分复用
WSC	Warehouse Scale Computers	仓库规模计算机
WSS	Wavelength Selective Switch	波长选择开关
WXC	Wavelength Cross-Connect	波长交叉连接

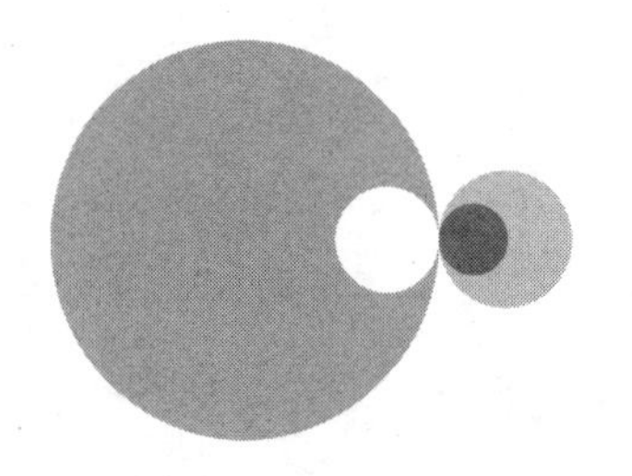

目录

第Ⅰ部分　数据中心网络简介

第Ⅱ部分　数据中心网络中的光互联

第Ⅲ部分 光互联架构

第Ⅰ部分

数据中心网络简介

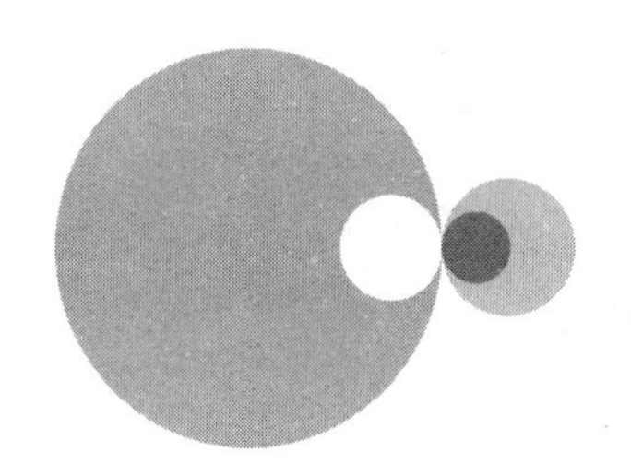

第1章 数据中心内光互联简介

1.1 引言

在过去的几年里,随着流媒体、社交网络和云计算等网络应用的出现,互联网的流量呈指数级增长,增加了对高性能数据中心的需求。这些数据中心由基于高性能交换机互联的数以千计的高性能服务器构成。由于在数据中心服务器上的应用(如云计算、搜索引擎等)数据密集程度非常高,因此需要数据中心服务器之间频繁交互以实现协同工作。这种交互增加了数据中心通信网络高带宽、低时延的需求。此外,为了减小总运营成本,这些数据中心还必须满足低功耗的要求。

1.2 数据中心网络的架构

图1.1展示了一个典型的数据中心网络架构。数据中心由承载服务器(如Web、应用或数据库服务器)的多个机架组成,这些机架通过数据中心内的互联网络相连。当用户发出请求时,请求数据包通过互联网被转发到数据中心的前端。在前端,由内容交换机和负载均衡设备将这个请求路由到合适的

服务器进行处理。在处理过程中，可能需要这个服务器与许多其他服务器进行通信。例如，一个简单的网页搜索请求可能需要许多 Web、应用和数据库服务器之间的通信以及同步来完成。

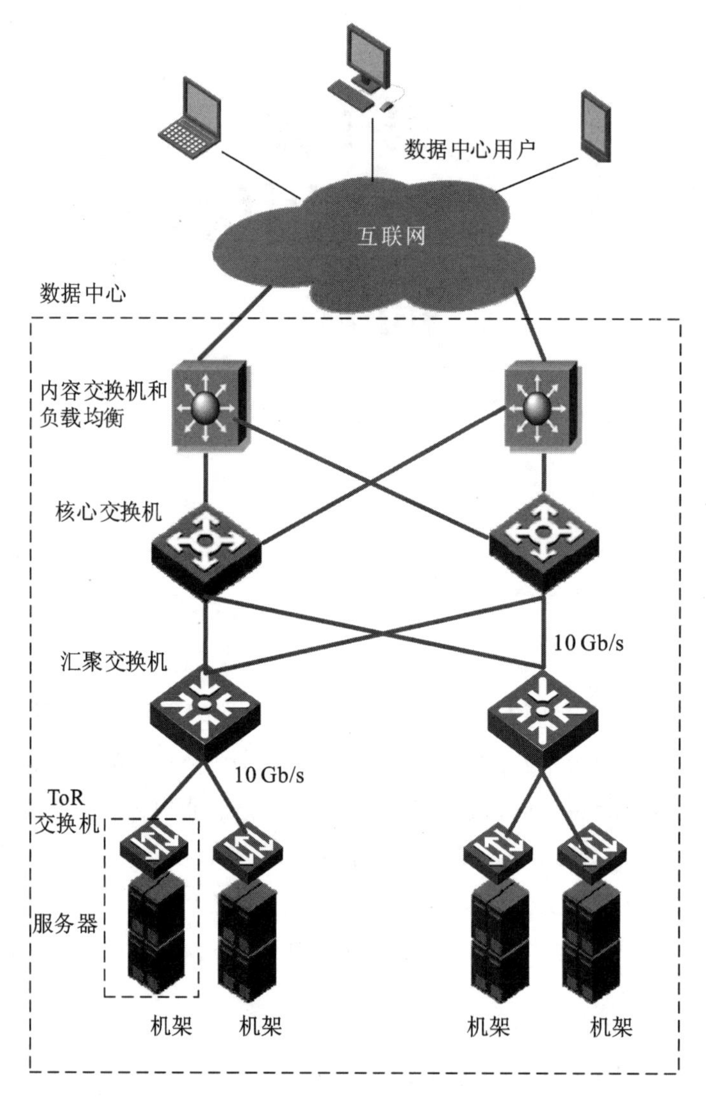

图 1.1 当前数据中心网络的架构

当前的大多数数据中心都是基于商用交换机来构建互联网络的。这些网络通常是一个标准的二层或三层胖树（fat-tree）架构，如图 1.1 所示[7]。服务器（通常为刀片形式，数量多达 48 台）被安放在机架上，并通过 1 Gb/s 链路和一个架顶(Top-of-the-Rack,ToR)交换机连接。这些ToR交换机进一步使用10 Gb/s链路和汇聚交换机互联,从而形成一个树状拓扑。在一个三层拓扑中(见图1.1),可以在汇聚层上面再添加一层,即使用核心交换机通过10 Gb/s或者100 Gb/s(基于一组10 Gb/s)链路将汇聚交换机互联在一起。这种架构的主要优点是它不仅易扩展且容错性好(例如,一个ToR交换机通常被连接到两个或者更多的汇聚交换机上)。

但是,这些架构的主要缺点是ToR、汇聚和核心交换机的功耗都很高,并且它们之间的互联需要很多链路。这些交换机的高功耗主要是由光电(Optical-to-Electrical,OE)和电光(Electrical-to-Optical,EO)收发器以及电交换结构(交叉开关,基于SRAM的缓存等)消耗的能量引起的。

当前数据中心网络的另一个问题是多次存储转发处理引入了时延。当一个数据分组从一台服务器通过ToR、汇聚和核心交换机传到另一台服务器时,它在沿途的每个交换机中都会经历显著的排队和处理时延。随着数据中心不断地扩展以应对新兴的Web应用和云计算服务,数据中心需要更有效的互联方案,以提高吞吐量、降低时延并减少能量消耗。虽然有很多研究人员尝试为基于商用交换机互联的数据中心增加带宽(例如,使用改进的TCP或对以太网进行增强设计),但整体的改善受限于当前的技术瓶颈。

1.3 网络流量特征

深刻地理解数据中心的流量特征有助于数据中心内部高性能网络的设计。本节展示了数据中心内部网络流量的主要特征,并说明这些特征如何影响光网络的设计。目前,已有多篇研究报告,如微软研究院[2][3][12]对数据中心的网络流量进行了分析。数据中心可以分为三类:校园数据中心、企业私有数据中心和云计算数据中心。这三类数据中心内部的网络流量虽然有一些共同点(如平均数据分组长度),但在某些方面(如业务应用和数据流)则存在显著差异。这些研究报告所呈现的数据中心流量特征来源于对真实数据中心的测量结果,主要包括:

- 业务应用:数据中心中的业务应用取决于数据中心的类型。在校园数据中心中,主要为HTTP流量,而在企业私有数据中心和云计算数据中心中,主要为HTTP、HTTPS、LDAP和数据库(如MapReduce)流量。
- 流量本地性:当数据流在两台服务器之间传输时称为建立了一个链接

(通常是 TCP 链接),流量本地性是用来区分数据流是在同一机架内的两台服务器之间传输(称为机架内部流量)还是在位于不同机架的两台服务器之间传输(称为机架间流量)。统计发现,根据业务应用的不同,机架间流量占总流量的 10%~80%。特别地,在校园数据中心和企业私有数据中心中,机架内部流量占总流量的 10%~40%。而在云计算数据中心中,绝大部分流量为机架内部流量(最高可占总流量的 80%)。在这些系统中,运营者往往将彼此交互大量流量的服务器放置在同一个机架内。流量本地性对数据中心网络拓扑结构的设计有很大影响。当机架间通信流量占比较大时,机架之间往往需要高速网络,而机架内可以使用低成本的商用交换机。因此,在这种情况下,可以有效利用光网络来提供机架间所需带宽,而低成本的电交换机可以用于机架内通信。

- 流量大小和持续时间:数据流被定义为两台或更多的服务器之间的活动链接。数据中心流量大部分为轻量级流量(小于 10 KB),而且这些流量中的大部分的持续时间均为几百毫秒以下。流量持续时间同样对数据中心光网络拓扑结构的设计有很大影响。如果流量持续时间为若干秒,那么为了提供更高的带宽也可以使用具有较长重配置时间的光网络设备,因为此时的重配置开销相对来说是可以承受的。

- 并发流量:每台服务器上并发数据流的数量对数据中心网络拓扑结构的设计也有很大影响。如果并发数据流的数量可以被光连接的数量所支持,则光交换网络相比电交换网络具有更大的优势。在大多数数据中心中,每台服务器上并发数据流的数量平均约为 10 个。

- 数据包大小:数据中心中数据包的大小呈现双峰分布特征,即数据包大小主要为 200 B 和 1400 B 左右。这是由于数据包或者是小型控制数据包,或者是大型文件的一部分,这些大型文件会在数据链路层被分片为以太网的最大帧(1550 B)。

- 链路利用率:这些研究报告表明,在所有种类的数据中心中,机架内部和汇聚层的链路利用率较低,而核心层链路利用率较高。在机架内部,链路速率一般为 1 Gb/s(个别情况下,机架内部服务器可配置两条或更多的 1 Gb/s 链路),而在汇聚层和核心层链路速率一般为 10 Gb/s。链路利用率的研究结果表明,在核心层部署高带宽链路十分必要,而目前在机架内部署的 1 Gb/s 链路可以满足未来的网络需求。

尽管定性地来看，数据中心网络的流量特征基本保持不变，但数据中心内的网络流量正在快速增长。由于不断涌现的网络应用（如云计算）和接入网性能的不断增强，未来需要更大规模的数据中心来满足不断增长的网络流量。

数据中心网络流量的增长不仅来源于数据中心规模的扩大，同时也来源于服务器性能的提高。随着多核处理器的普及，数据中心内部服务器之间的通信需求将持续增长[19]。根据 Amdahl 定律，处理器主频每提高 1 MHz，存储器容量就需要提高 1 MB，I/O 读写速度则需要提高 1 Mb/s。如果以当前数据中心服务器为目标，其一般配置是 4 个并行的 4 核处理器，每个处理器主频为 2.5 GHz，那么每台服务器的 I/O 总带宽为 40 Gb/s。如果我们假定数据中心有 10 万台服务器，则总的 I/O 带宽为 4 Pb/s。

为了应对即将到来的带宽增长挑战，全球服务提供商正争相采用更高带宽的链路来升级现有网络。统计表明，随着服务提供商的升级，从 2011 到 2016 年 100 G 以太网端口的复合年均增长率（CAGR）超过 170%[10]。

图 1.2 预测了未来数据中心中服务器数据速率的变化。如图 1.2 所示，尽管在 2012 年，只有一小部分服务器采用 40G 以太网网卡，但到 2017 年绝大多数服务器都采用 40 G 以太网网卡。因此，高性能交换机将需要消耗大量能量用于收发机的电光、光电转换以及电域交换。显然，如果数据速率持续指数性增长，人们将对数据中心网络提出更高速率、低时延和低能耗的要求。

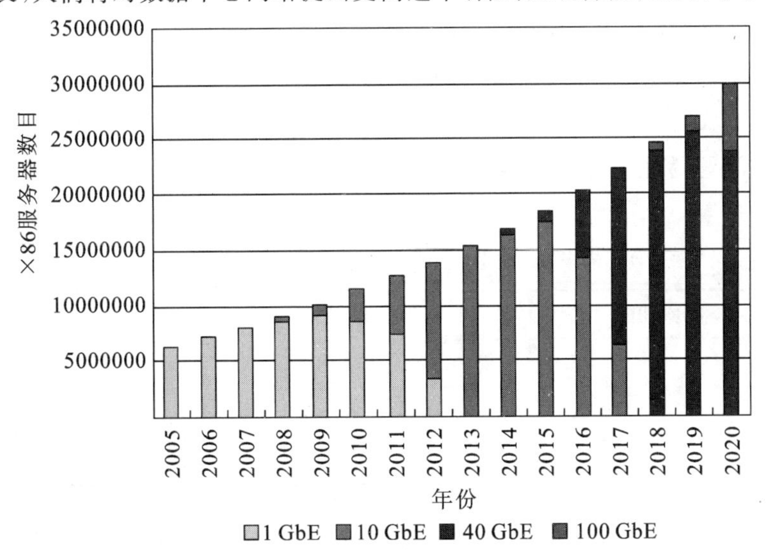

图 1.2　服务器以太网接口数据速率预测（源自：Intel 和 Broadcom，2017）

1.4 能耗要求

在数据中心设计和部署上，能耗是一个首要考虑的问题。多数数据中心要消耗大量的电力，其中有一些数据中心的耗电量与 18 万户家庭的总耗电量相当[8]。绿色和平组织在其 Make IT Green 报告[14]中指出，2007 年全球数据中心电力需求量约为 3300 亿千瓦时（与英国全国耗电量几乎相同[8]），预计到 2020 年电力需求量将增长两倍以上（超过 1 万亿千瓦时）。根据一些估算[17]，2006 年美国数据中心耗电量约占其全国总耗电量的 1.5%，费用超过 45 亿美元。

数据中心内的功耗分布如下：服务器功耗约占 IT 总功耗的 40%，存储设备功耗占 37%，网络设备功耗占 23%[24]。随着数据中心内 IT 设备总功耗的持续快速增长，为了保持数据中心机房温度恒定，配套的采暖、通风和空调（HVAC）设备的能耗也必将同样增长。Berk-Tek 的一项研究表明，IT 设备功耗降低 1 W，将使总功耗降低约 2.84 W[9]。因此，降低 IT 设备的功耗将可以显著降低数据中心总功耗。

降低数据中心的功耗也对环境有深远影响。2007 年，数据中心温室气体（GHG）排放量占 ICT 设备温室气体排放量的 14%（ICT 设备温室气体排放量约占全球温室气体排放总量的 2%），预计到 2020 年将增长至 18%。2007 年，数据中心温室 CO_2 气体排放量约为 116 吨，预计到 2020 年将增长一倍以上，达到 257 吨，成为 ICT 设备中碳排放量增长最快的部分。

表 1.1 展示了对未来高性能系统的性能、带宽需求和功耗上限的预测[16][21]，从表中可以看出，尽管数据中心的峰值性能仍将持续快速增长，但由于散热问题，数据中心可提供的总功耗预算增长率（每四年翻一番）远远低于性能增长率。

表 1.1 未来系统的性能、带宽需求及功耗上限（源自：IBM[1]）

年份	峰值性能（10×/4 年）	带宽需求（20×/4 年）	功耗上限（2×/ 年）
2012	10 PF	1 PB/s	5 MW
2016	100 PF	20 PB/s	10 MW
2020	1000 PF	400 PB/s	20 MW

表 1.2 展示了未来高性能并行系统（如数据中心）的功耗需求。表中假定网络设备功耗约占数据中心总功耗的 10%。基于该假定，2016 年需将功耗降

低至5 mW/(Gb/s)(带宽需求考虑了存在双向流量的情况)。因此,必须提出新的方法来满足未来数据中心网络的功耗要求。

表1.2 互联网络性能与功耗需求(源自:IBM[1])

年份	带宽需求(20×/4年)	网络功耗	功耗需求
2012	1 PB/s	0.5 MW	25 mW/(Gb/s)
2016	20 PB/s	2 MW	5 mW/(Gb/s)
2020	400 PB/s	8 MW	1 mW/(Gb/s)

1.5 光互联的兴起

为了应对数据中心越来越高的通信带宽和功耗需求,必须设计新的网络互联方案,以提高吞吐量,减少时延和降低功耗。近年来,光网络已广泛用于长途电信网络中,可提供高吞吐量、低时延和低功耗。表1.3描述了在不同网络拓扑中所采用的光链路。在WAN和MAN的情况下,在20世纪80年代后期采用光纤,以满足全球互联网业务不断增长的高带宽和低时延的需求。20世纪90年代,光纤首先在LAN网络领域中被采用,2000年末它们被用于数据中心机架的互联。然而,在所有情况下,光纤既可以用于点对点链路,也可以用于全光网络(即透明网络)。

表1.3 光网络演进历程(源自IBM[1])

网络类型	MAN和WAN	LAN	系统	背板	芯片
	城域和长途	校园或企业	机架内 机架间	芯片对芯片	片上
	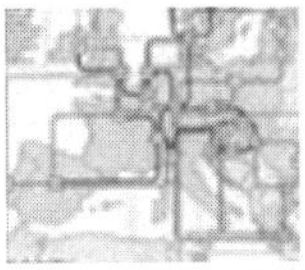				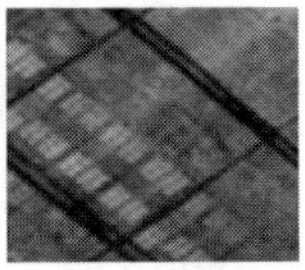
距离	数千米	10~300 m	0.3~10 m	0.01~0.3 m	<2 cm
应用历程	自20世纪80年代	自20世纪90年代	2000年末	2012年后	2012年后
连接类型	全光	点对点和全光	点对点	点对点	点对点和全光

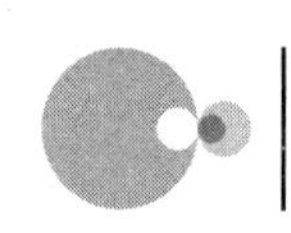

光通信网络(WAN 和 MAN)已经从传统的不透明网络发展到全光网络。在不透明网络中,光信号在每个路由节点处都要经过光-电-光(optical-electronic-optical,OEO)转换。但随着不透明网络规模的增加,一方面网络设计者必须应对诸如产品成本、散热、功耗以及运维成本等问题;另一方面,全光网络使用光交叉连接和可重构光分插复用器(reconfigurable optical add/drop multiplexer,ROADM)可以提供更高的带宽、更低的功耗和运营成本[18]。

目前,光学技术在数据中心中仅用于点对点链路,其方式与在早期的电信网络(不透明网络)中使用点对点光链路的相同。这些链路基于低成本多模光纤(multi-mode fibers,MMF),适用于短距离通信。通过与基于光纤的小型可插拔收发器(SFP 用于 1 Gb/s,SFP+用于 10 Gb/s)配合使用,这些 MMF 链路可用于替换交换机间的铜缆连接。在不久的将来,有望采用更高带宽的收发器(用于 40 Gb/s 和 100 Gb/s 以太网),如具有 4 个 10 Gb/s 并行光信道的 4×10 Gb/s QSFP 模块,以及具有 12 个并行 10 Gb/s 通道的 CXP 模块。这种情况的主要缺点是,因为其基于电分组交换机来执行交换,所以需要使用耗电量较大的电光(E/O)和光电(O/E)收发器。

当前的电信网络使用透明光网络,在光域执行交换以应对高通信带宽。类似地,随着数据中心的传输需求增加到 Tb/s 数量级,全光互联可为这些系统提供可行的解决方案,省去电交换以及电光和光电收发器,如图 1.3 所示。这些基于全光互联的系统可以满足高带宽要求,同时显著降低功耗[4][5][11][15]。IBM 的一项研究表明,用基于 VCSEL 的光互联替代铜缆链路可将数据中心的功耗从 8.3 MW 降低到 1.4 MW[1]。通过光互联降低的这部分功耗,可以在 10 年间节省超过 1.5 亿美元的运营成本。

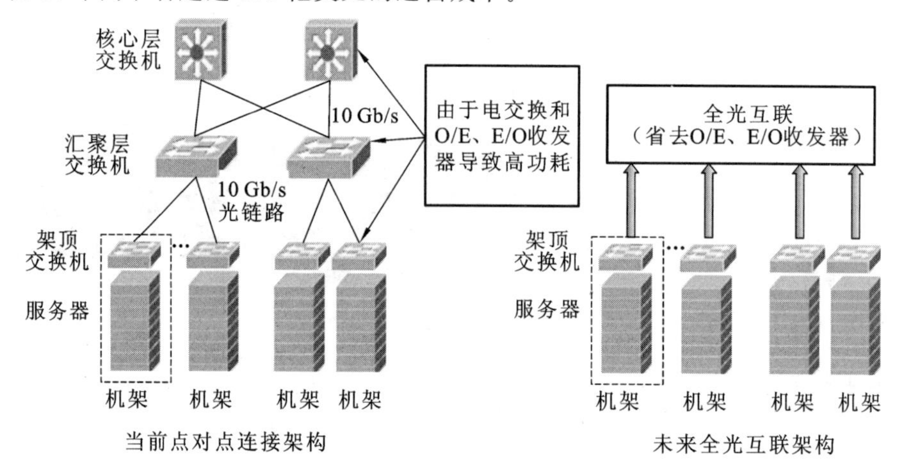

图 1.3　点对点连接与全光互联的对比

据报告，在未来数据中心采用全光网络可以使节能率高达75%[23]。特别是在企业的大型数据中心，使用高能效、高带宽和低时延的互联非常重要，因此在这些数据中心中部署光互联引起了人们极大的关注[13]。

1.6 本书结构

本书介绍了由多所大学、研究中心和企业提出的最新和最有前景的数据中心光互联方案。在本节中，我们介绍了数据中心网络，并讨论了光互联的优点。

本书的第二部分介绍了数据中心内部的通信需求，并讨论了光互联的需求。第2章内容由最大型数据中心的所有者之一(Google)提供，回顾了现代数据中心网络的架构及其扩展性挑战。此外，它呈现了新兴光学技术支持数据中心扩展的机会和需求。APIC公司提供了第3章内容，介绍了下一代数据中心中光互联的端到端视图，并展示了高带宽应用、微处理器发展及互联研究的相互关系和研究机会。第4章介绍了对能量感知数据中心网络进行高效精准模拟的必要性。这一章介绍了一个可用于实际数据中心进行分组级通信的精确仿真和能效估计仿真环境。

本书的第三部分介绍了最近提出的一些基于光互联的最有前途和最具创新性的架构。其中的一些方案针对当前的数据中心，并且通常基于容易获得的光学和电子部件。这些方案的主要优点是它们可以更快地被采用，并且通常成本相当低。但是这些方案中的大多数都不易扩展，很难满足未来数据中心网络的需求。

而其他方案瞄准的是未来的数据中心网络，这些网络在带宽和时延方面将具有更为苛刻的要求。这些方案通常基于更为先进的光学部件，其在不久的将来可能提供更低的成本。不管哪种情况，所有呈现的方案都具有独特性，对数据中心网络具有吸引力。

第5章内容由惠普提供，重点介绍光通信技术的潜在作用以及该技术可能对未来数据中心节能产生的影响。此外，本章介绍了一种可扩展的开关，用于光互联网络的设计方案中，以对数据中心中使用的高基数交换芯片的光子和电子方案进行比较。

第6章内容由IBM提供，介绍了一种采用分布式仲裁(通过在每个节点配置最小的缓冲来实现)的全光多级数据中心网络。所提出的系统可以使用确定性(预调度)和推测(急迫)分组注入的新颖组合来实现低时延。

第7章内容来自NEC，提出了一种基于循环阵列波导光栅器件和多输入多输出(multiple-input multiple-output,MIMO)正交频分复用(orthogonal frequency division multiplexing,OFDM)技术的新型数据中心网络架构。这种架构可以实现灵活的带宽资源共享,并且带宽粒度细、交换速度高和延迟时间短。

第 8 章内容由纽约大学理工学院提供,提出了一种新颖的光学架构,包括互联的阵列波导光栅路由器(arrayed waveguide grating routers,AWGR)和可调谐波长变换器(tunable wavelength converters,TWC)。所提出的方案实现了纳秒级重配置开销,并在数据中心网络中提供了 Pb 级的交换容量。

最后,哥伦比亚大学提供的第 9 章内容提出了两种网络架构。架构设计明确针对利用全光交换的容量和时延优势,同时利用独特的系统级解决方案来解决光子缓冲和处理的问题。第一种架构基于 Data Vortex 架构,由简单的 2×2全光交换节点组成,可以实现超高带宽并降低路由复杂性,同时保持较低的数据包时延。第二种架构称为 SPINet,基于间接多级互联网络(multistage interconnection network,MIN)拓扑。该架构利用 WDM 来简化网络设计并提供非常高的带宽。

参考文献①

[1] Benner A (2012) Optical interconnect opportunities in supercomputers and high end computing. In: Optical Fiber Communication Conference. OSA Technical Digest (Optical Society of America, 2012), paper OTu2B. 4

[2] Benson T, Anand A, Akella A, Zhang M (2009) Understanding data center traffic characteristics. In: Proceedings of the 1st ACM workshop on research on enterprise networking. ACM, New York, pp 65—72

[3] Benson T, Akella A, Maltz DA (2010) Network traffic characteristics of data centers in the wild. In: Proceedings of the 10th annual conference on internet measurement (IMC). ACM, New York, pp267—280

[4] Davis A (2010) Photonics and future datacenter networks. In: HOT Chips, A symposium on high performance chips, Stanford, Invited tutorial (http://www. hotchips. org/wp-content/uploads/hc _ archives/archive 22/HC22. 22. 220-1-Davis-Photonics. pdf)

[5] Glick M (2008) Optical interconnects in next generation data centers: an end to end view. In: Proceedings of the 2008 16th IEEE symposium on

① 本书参考文献直接引用英文版的参考文献。

high performance interconnects. IEEE Computer Society, Washington, DC, pp178—181.

[6] Hays R, Frasier H (2007) 40G Ethernet Market Potential. IEEE 802.3 HSSG Interim Meeting, April 2007 (http://www.ieee802.org/3/hssg/public/apr07/hays_01_0407.pdf)

[7] Hoelzle U, Barroso LA (2009) The datacenter as a computer: an introduction to the design of warehouse-scale machines, 1st edn. Morgan and Claypool Publishers. Mark D. Hill, University of Wisconsin, Madison. ISBN 9781598295566

[8] How Clean is Your Cloud. Greenpeace Report, 2012

[9] Huff L (2008) Berk-Tek: The Choise for Data Center Cabling. Berk-Tek Technology Summit 2008 (http://www.nexans, us/US/2008/DC _ Cabling%20Best%20Practices_092808.pdf)

[10] Infonetics Service Provider Router & Switch Forecast, 4Q11, 2011

[11] Kachris C, Tomkos I (2011) A survey on optical interconnects for data centers. IEEE Communications Surveys and Tutorials, doi: 10.1109/SURV.2011.122111.00069

[12] Kandula S, Sengupta S, Greenberg A, Patel P, Chaiken R (2009) The nature of data center traffic: measurements & analysis. In: Proceedings of the 9th ACM SIGCOMM conference on internet measurement conference. IMC'09. ACM, New York, pp202—208

[13] Lee D (2011) Scaling networks in large data centers. In: Optical Fiber Communication Conference. OSA Technical Digest (CD) (Optical Society of America, 2011) paper OWU1

[14] Make I T Green: Cloud computing and its contribution to climate change. Greenpeace International, 2010

[15] Minkenberg C (2010) The rise of the interconnects. In: HiPEAC interconnects cluster meeting, Barcelona, 2010.

[16] Pepeljugoski P, Kash J, Doany F, Kuchta D, Schares L, Schow C, Tauberblatt M. Offrein. BJ, Banner A (2010). Low power and high density optical interconnects for future supercomputers In: Optical fiber Communication Conference. OSA Technical Digest (CD) (Optical Society of America, 2010), paper OThX2

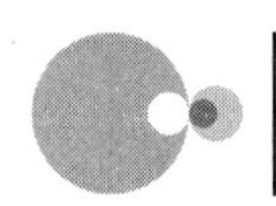

[17] Report to Congress on Server and Data Center Energy Efficiency. U. S. Environmental Protection Agency, ENERGY STAR Program, 2007

[18] Saleh AAM, Simmons JM (2012) All-optical networking: evolution, benefits, challenges, and future vision. Proceedings of the IEEE, 100(5): 1105—1117

[19] Schares L, Kuchta DM, Benner AF (2010) Optics in future data center networks. In: IEEE 18th Annual Symposium on High Performance Interconnects (HOIT), pp 104—108

[20] SMART 2020: Enabling the low carbon economy in the information age. A report by The Climate Group on behalf of the Global eSustainability Initiative (GeSI), 2008

[21] Taubenblatt MA, Kash JA, Taira Y (2009) Optical interconnects for high performance computing. In: Communications and photonics and exhibition (ACP), Asia pp 1—2

[22] Vahdat A (2012) Delivering scale out data center networking with optics—why and how. In: Optical Fiber Communication Conference. Optical Society of America, paper OTu1B. 1

[23] Vision and Roadmap: Routing Telecom and Data Centers Toward Efficient Engery Use. Vision and Roadmap Workshop on Routing Telecom and Data Centers, 2009

[24] Where does power go? GreenDataProject (2008). Available online at: http://www. greendataproject. org. Accessed March 2012

第Ⅱ部分

数据中心网络中的光互联

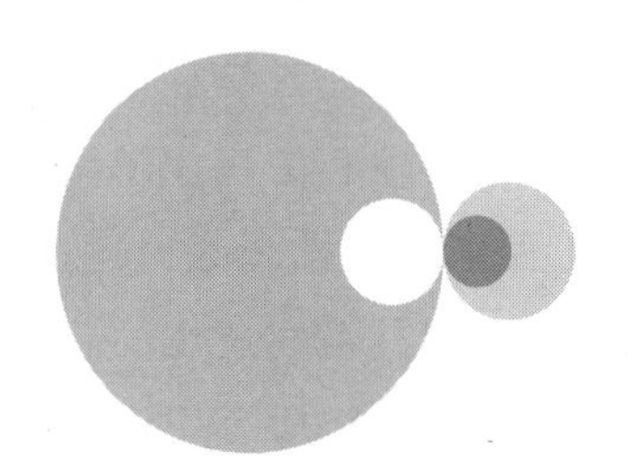

第2章 面向横向扩展型数据中心的光互联

2.1 引言

越来越多的计算结果和数据正在迁移到呈行星云状分布的众多仓库规模的数据中心[1]。尽管互联网与数据中心之间依然有大量的流量，但绝大部分的数据通信却发生在数据中心内部[2]。例如，对于一个拥有10万台以上服务器且每台服务器能够支持10 Gb/s带宽的数据中心，为了支持所有服务器之间的全带宽通信，其内部互联网络的总带宽需要达到1 Pb/s。虽然看起来很出乎意料，但是这些软件[3]和硬件[4][5]方面的技术都是当前正在使用的技术。

然而，利用现有的数据中心拓扑结构、交换和互联技术实现这样的规模以及性能既困难又昂贵，必须要相应增加带宽并提高功率效率才能支撑大型数据中心网络的增长。

光学技术在发掘数据中心网络的潜力以及应对上述挑战方面起着至关重要的作用。然而，要想充分实现这种潜力，我们需要重新思考那些传统上用于电信领域的光学技术组件，并且必须专门针对数据中心环境下的应用对其进行优化。在本章中，我们将概述当前的数据中心网络以及光学技术在其中所发挥的作用，针对数据中心的大规模部署讨论对现有技术进行改进的可能性和具体要求，并介绍可能进一步增强数据中心扩展能力的新兴光学技术。

2.2 数据中心网络结构

首先我们研究新兴的大型数据中心对通信和网络的一些要求。第一个问题是数据中心的目标规模。虽然从规模经济的角度看，数据中心的规模越大越好，但实际上其通常受限于选址的供电量，而且为了保证容错性和延迟性，数据中心还应分布在全球各地。第二个问题是数据中心内目标应用所需的总计算量和通信容量。以社交网络为例，基本上它们的网站必须将所有用户产生的内容存储并复制到一个服务器集群上。支持这种应用的网络非常关键，因为对于每个外部请求，必须将数百甚至上千台服务器并行连接才能满足请求。最后一个问题是单台服务器在多个应用和属性之间复用的程度。例如，一个门户网站，如雅虎，可以托管数百个面向用户的个性化服务以及类似数量的内部应用，以支持批量数据处理、索引生成、广告投放和一般商业活动。

虽然没有确凿的数据能回答这些问题，但是我们认为数据中心内计算密度增加的趋势肯定是数万台服务器的水平。当然可以将各个应用分开，并让它们各自在具有专用互联架构的机器上运行，这样一来，每个专用机器的互联网络都将是小规模网络。然而，在理想情况下，我们希望网络扩展的增量成本是适度的[6]，并且最好具备足够的灵活性，以便可以动态地移动计算并能支持越来越大规模的应用。

图 2.1 显示了使用传统纵向扩展(scale-up)方法的典型数据中心网络架构。每个机架包含数十台服务器，它们通过铜缆或光纤连接到一个 ToR 交换机。然后，ToR 交换机通过光收发器连接到接入层交换机。如果每个 ToR 交换机采用 u 条上行链路，那么整个网络可以在一个单一的集群内支持 u 台接入交换机，因为 ToR 交换机通常并行连接到多个交换机。每个接入交换机的端口数 c 则确定了可支持的 ToR 交换机总数。如果每个 ToR 交换机采用 d 条下行链路连接到主机，那么网络中每个集群的规模就可以扩展到 $c\times d\times u$ 个端口(ToR 层的收敛比为 $d:c$)。如果这种通常受交换芯片基数限制的两级架构的规模[7]不足，则可以在层级结构中增加额外的层[5]以创建汇聚层，其代价是

延迟时间有所增加且内部网络连接开销较大。为了连接多个集群，在数据中心结构的顶部常采用三层集群路由器(cluster routers，CR)。在理想情况下，将数据中心中任意两台服务器直接相连的全网状网络结构可以提供完全的对分带宽(bisectional bandwidth)，并且还能简化编程和提高服务器的计算效率。然而，这样的设计过于昂贵，因为收敛通常会应用于每一层。当系统不能支持带宽需求时，可以购买具有更高容量的新硬件以构建更大的核心(纵向扩展方法)。

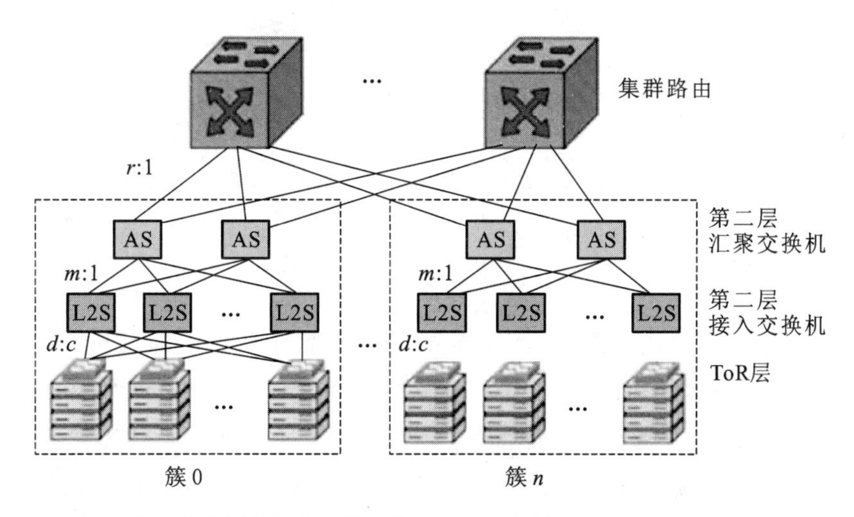

图 2.1　传统的分层数据中心使用纵向扩展网络模型：ToR 层收敛比为 $d:c$，汇聚层收敛比为 $m:1$，集群路由器层收敛比为 $r:1$

虽然纵向扩展网络架构可以节省成本并且更易于设置，特别是对于中小型数据中心，但是它们需要在更昂贵和高度可靠的大容量硬件上进行大量的前期投资。特别地，层级结构中较高层的交换机和路由器需要处理更多的业务，随着为增加其可用性所需的成本也会更加昂贵。此外，由于无法扩展超出当前部署的限制，这也使得它们对大型数据中心的吸引力降低。

在过去的 10 年中，随着商用硅交换芯片[5]和软件定义网络(SDN)控制平面(http://www.openflow.org/)[8]的发展，横向扩展(scale-out)模型已经取代了纵向扩展模型，成为提供大规模计算和存储平台的基础[6][9]。

图 2.2 所示的为横向扩展数据中心架构。为了构建大规模、非阻塞的网络结构，应采用由相同交换机(基于商用交换芯片构建)组成的小型群集(Pod)阵列。接入层可以是执行二层交换功能的传统 ToR 交换机，或者是连接到汇

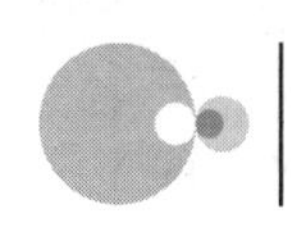

聚交换机的透明聚合的服务器链路。网络具有完全的对分带宽，且在 Pod 内部和 Pod 之间具有广泛的路径分集。

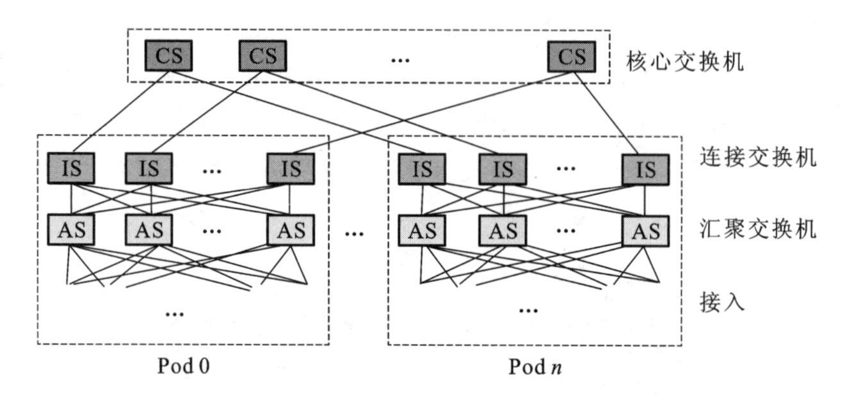

图 2.2　采用横向扩展模型的新型数据中心。各层都具有完全对分带宽的无阻塞网络结构

横向扩展数据中心模型为建设大型数据中心带来了许多优势：①敏捷性，网络带宽可以以模块化方式分配给不同的应用；②可扩展性，通过其模块化方法，我们可以按需添加计算和存储容量，数据中心架构可以在扩展的同时，保持每端口和每比特/秒的对分带宽的成本不变；③可访问性，在大型可互换服务器池中没有带宽碎片和带宽收敛，故每台服务器的计算能力可以被广泛访问；④可靠性，具有广泛的路径分集，网络性能在出现故障时仅会缓慢下降；⑤可管理性，通过软件定义的控制平面，可以将成千上万台服务器作为一台计算机进行管理。P 字节（1 PB$=10^{15}$ B）量级的数据可以在单个分布式系统和一个全局命名空间下移动和管理。

横向扩展的数据中心在 PB 及以上规模时也有许多技术和部署方面的挑战。虽然构建数据中心所涉及的软件技术及管理技术不在本章的讨论范围，现有的构建技术仍然存在许多缺陷，包括以下几方面。

（1）管理：电分组交换机（electrical packet switches，EPS）的数量众多，将大幅增加管理复杂度及总体运营成本。

（2）成本：光缆和光收发器的花费将主导网络架构的总成本。

（3）功耗：随着带宽的增加，光收发器的功耗将限制端口密度。

（4）布线复杂性：将需要数百万米的光纤来互联大型横向扩展数据中心，从而导致令人生畏的部署和操作开销。

2.3 光学使能技术

光纤，作为主要互联介质，已经为数据中心的数据传输发挥了至关重要的作用。各种新兴光学技术已成为解决上述网络在横向扩展时所面临的技术挑战，并提高大型数据中心性能和效率的备选方案。

图 2.3 是一个未来数据中心网络利用 WDM 收发器作为模块化数据中心的第一类实体的示例[4][5]。对于那些连接到 Pod 以及 Pod 与核心交换机之间的链路，将会由传统的并行光收发器替换成集成的 WDM 收发器（如 40 G、100 G 以及 400 G），这样只用单根光纤就可以聚合所有具有相同目的地的电信道。为了优化功耗，Pod 之间的互联带宽可以通过动态调整以匹配所需的网络带宽要求。

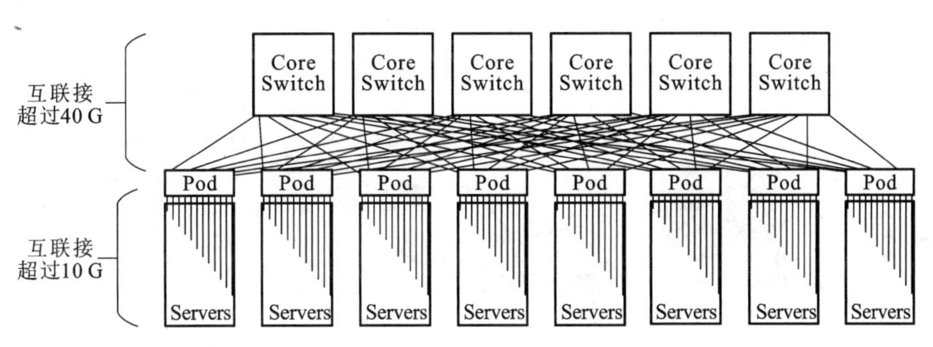

图 2.3　未来数据中心示例。需要将大基数 EPS 与高带宽光互联相结合以提高数据中心的性能和效率

在由 EPS（Pod 交换机和核心交换机）构建的结构中，互联技术将会有较高速率要求（≥40 G），同时需要维持固定的成本、尺寸和带宽功率。在这个应用领域，集成多芯光纤收发器将会是一种非常有效的扩展带宽的方法。

随着机架内部通信速率的提高（≥10 G），原有的铜缆也将被光学器件所替代。在 10 Gb/s 或更高速率下，无源和有源铜缆的体积庞大、功耗高、在高数据速率下损耗高，导致其使用长度在几米范围之内。而采用 IC 类型光学封装（如 Light Peak）的廉价短距离光学器件可能会给数据中心带来变革。在未来几年中，我们将看到具备低成本 $n \times 10$ G 光接口的商用网络接口卡（network interface cards，NICs）。此外，交换芯片还将具有本地 PHY 并支持 10 G 串行接口，以进一步降低成本和功耗。

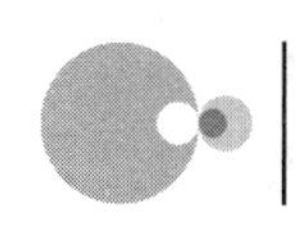

在以下部分中，首先我们将对当前数据中心的光互联技术进行综述；然后我们对未来构建一个灵活、节能、低成本且带宽达到Exabyte量级的数据中心网络的需求和潜在研究方向进行阐述。

2.3.1 光互联的带宽和可扩展性

通信范围能覆盖10米到2千米的光纤互联，这对数据中心来说至关重要。无论是采用横向还是纵向的扩展方法，不断增加数据中心内总互联带宽的需求是始终存在的。

为了满足服务器和网络对带宽增长的需求，如图2.4所示，在器件层面上所有的新兴光学技术，从调制到通道复用以及光子封装，都需要实现数据速率、功率、成本和空间/密度方面的有效扩展。在此过程中，还需要仔细考虑选择何种光纤（单模还是多模）以及相应的兼容技术。

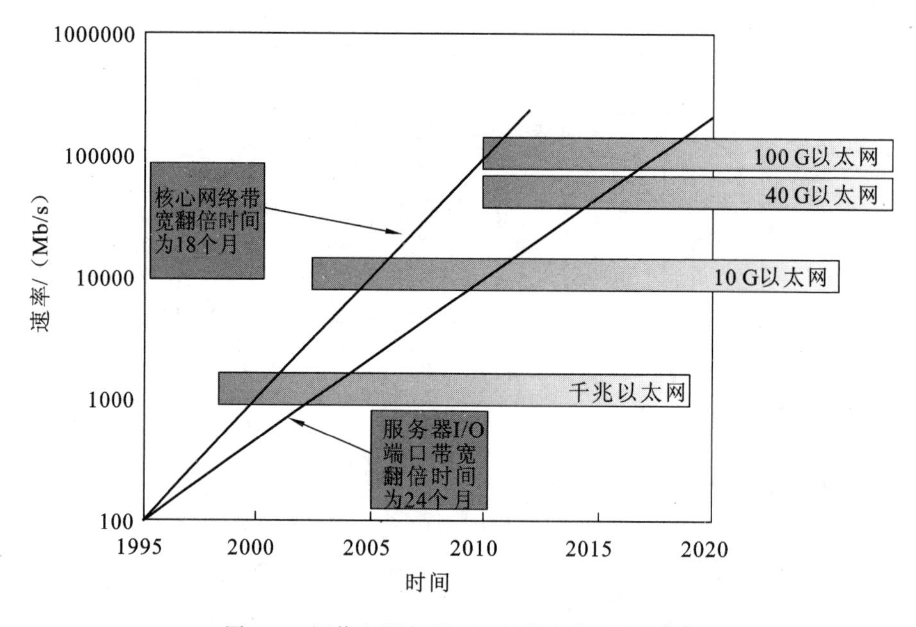

图2.4　网络和服务器I/O的带宽发展趋势[10]

1. 高速VCSEL、DFB和硅光子技术

低功率、低成本的垂直腔面发射激光器（vertical cavity surface emitting lasers，VCSEL）和多模光纤（multimode fiber，MMF）已经在数据中心内10 Gb/s通信速率上发挥了至关重要的作用。虽然在使用替代材料制造更高速VCSEL方面已经取得了显著进步[11]，但是要想在保证可靠性和良率的前提下将VCSEL

的速率提升至显著超过 10 Gb/s 还存在很大的困难。此外，由于模式色散，与 MMF 耦合的传统 VCSEL 具有有限的距离带宽积。在 10 Gb/s 速率时，其最大通信距离不足以覆盖整个数据中心。并且随着数据速率的提高，这个最大覆盖范围还将迅速缩小(见图 2.5)。

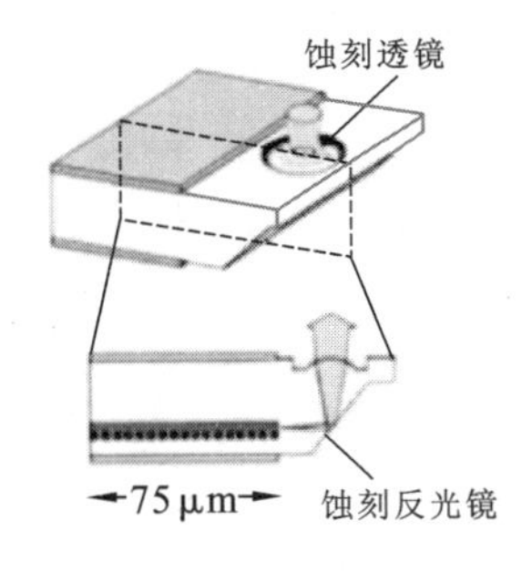

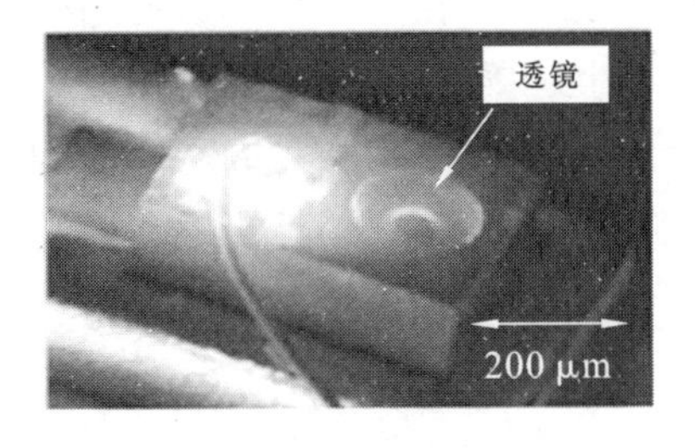

图 2.5　透镜集成表面发射 DFB 激光器[13]

为了在 10 Gb/s 速率下实现超过 300 m 的覆盖范围，现在数据中心常使用更大功率也更昂贵的分布式反馈(distributed feedback，DFB)激光器和单模光纤(single mode fiber，SMF)。当每通道速率从 10 Gb/s 扩展到 25 Gb/s 时，使用新型四元材料(InGaAlAs/InP，具有更大的波长偏移)的 DFB 激光器可以在更高的速度下提供更好的高温性能，且新型 DFB 激光器结构，如短腔[12]和透镜集成表面发射 DFB 激光器[13]，也已经被验证。与 VCSEL 相比，上述方法可以提供更高的器件带宽和更窄的谱宽，这样能在增加互联带宽和覆盖范围的同时保持低功耗和低成本。

在过去的 10 年中，应用硅光子技术来解决传统使用 III-V 化合物材料的光收发器的能量效率和成本问题取得了重大进展。尽管由于硅的间接带隙使其不能作为半导体激光器的首选材料，但是它具有良好的导热性，对传统电信波长透明，在用于雪崩倍增时噪声低(源于高电子/空穴碰撞电离率)。最重要的是，硅光子工艺可以成为与电子行业开发的 CMOS 制造/工艺兼容。硅光电探测器是最古老的并且也可能是最好理解的硅光子器件。对于低于 1000 nm 的波长，硅是一种低成本和高效率的光电检测器。针对 1000 nm 以上波长的低损耗硅基光波导也已被证实，因此可以用于实现具有更多功能的波导器件以及各种部件(光子集成电路(PIC))的芯片级互联。其他硅光子技术方面的最新进展还有：高效锗光电检测器[14]、具有极小交换能耗的高速硅调制器[15]和锗/硅激光器[16]。电子与光子学的紧密结合使得我们可以在较低功率下实现更高

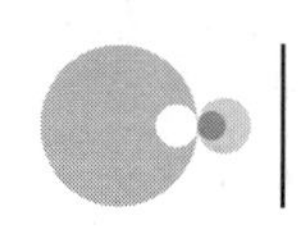

的带宽，而硅光子学也具有提高数据中心灵活性，提高能量效率以及降低成本的潜力，但这取决于我们是否能够克服各种封装和集成的障碍。

2. 复用

通过上述的基本器件改进，光链路速率可以增加到与电交换 I/O 速率相匹配的程度。此外，复用也是增加互联带宽的必用方法。

空分复用(space division multiplexing, SDM)和波分复用(wavelength division multiplexing, WDM)可以充分利用计算机架构和交换芯片中数据通道的并行性，是数据中心广泛使用的两种复用技术。还存在其他复用技术，诸如光正交频分复用(optical orthogonal frequency division multiplexing, O-OFDM)、多阶或高级调制，也可以扩展单根光纤的带宽和容量。然而，这些方法都需要一个速率变换模块来执行信号编码，以及用于数字信号处理(DSP)的 ASIC 芯片和/或用于模拟-数字信号转换的 A/D 和 D/A 转换器，但这会导致较大的功率损耗，并且对于数据中心应用而言可能成本过高。

空分复用

一种最简单的增加带宽的方法就是每个通道专用一条光纤，并在两端都配备激光器和光电探测器阵列。采用带状光纤和 MPO 连接器的并行光收发器(见图 2.6(a))被广泛部署在数据中心和 HPC 环境中。然而，MPO 连接器和带状光纤会占据整个数据中心网络的很大一部分成本[4]，并且以这种并行方式增加带宽也将导致光纤基础设施在体积和尺寸方面过大。因此，当需要更长距离的互联时，该方法就变得不可行。

除了使用平行带状光缆的空分复用之外，近年来，数据中心也开始关注那些针对电信长距离传输所开发的多芯光纤(multi-core fiber, MCF)技术[17]。该领域和为其开发的相关组件也可以用于数据中心以拓展空分复用方法的应用领域和寿命[18][19]。在单根 MCF 内，多芯共用一个包层，如图 2.6(b)所示。使用光栅耦合器，MCF 可以直接使用常规 LC 连接到激光器和光电探测器阵列[20]。因此，可通过在单根光缆内放置更多的纤芯(即增大带宽)来提高互联密度。

波分复用

在过去几十年中，波分复用已被广泛应用于城域和长途传输，使得电信行业可以较为容易地扩展带宽。很明显，WDM 将需要从这些传统的电信应用领域发展到短距离数据中心互联领域。为了减少上述的布线开销并不断增加

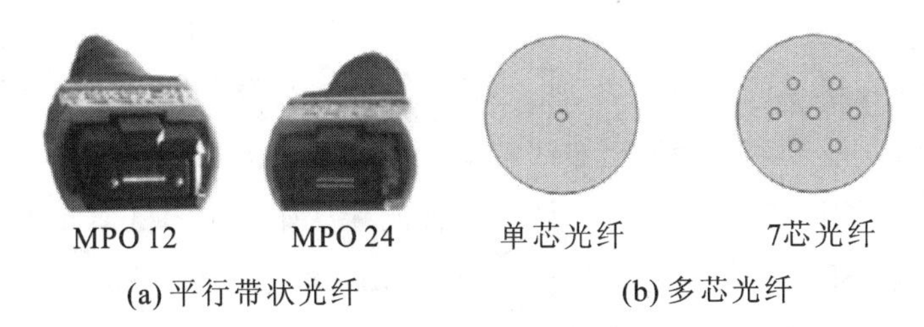

(a) 平行带状光纤　　(b) 多芯光纤

图 2.6　空分复用光纤

链路带宽,下一代数据中心收发器[1]需要使用频谱效率更高的光学器件。然而,为了满足数据中心经济和规模方面的需求,尽管有必要借助 WDM,但是同时也希望相关的功耗和成本不会因此出现显著增长。

- 成本:在传统的电信应用中,该方法现在仍然在很大程度上是通过在链路终端上花费更多的成本,以最大限度地提高宝贵的长距离光纤链路的吞吐量,过去几年中针对相干传输设备和系统的研究及开发活动就证明了这一点。在数据中心内,光纤资源更加丰富和便宜。因此,必须大幅降低收发器成本,以便不压缩数据中心互联结构的成本。
- 功耗:具有大功耗的收发器存在严重的散热问题,并可能限制 EPS 机箱密度。在数据中心,首选无需时钟恢复和制冷的解决方案。光子集成电路(PIC)、温度稳定性更好的低阈值激光器(如量子点激光器[21])和开关功耗低的硅光调制器有望进一步降低收发器的功耗。
- 光链路预算:数据中心收发器必须考虑长达 2 km 的多建筑间距和配线架的光损耗。对于大规模部署,为了简化操作,还需要额外的链路预算以便可以覆盖配送线路末端的高损耗链路。
- 带宽和速度:光子公路必须在带宽和速度上与电交换结构无缝匹配。现在,10 G、4×10 G LR4 和 10×10 G LR10 提供了价格低且功效高的 WDM 收发器解决方案。展望未来,随着 $n\times10$ G 或 $n\times25$ G 的速率在电链路上变为可用,收发器中就需要更进一步的集成以与来自交换芯片 I/O 的带宽和速度相匹配。
- 频谱效率:频谱效率、功耗、路径分集和布线复杂度之间仍然存在一定的相互制约关系。对于建筑物内的网络,具有丰富连接的网状拓扑是可取的。因此,可以牺牲一定的频谱效率,追求较低的功耗、更低的收发器成本和更丰富的网络结构。但是,在更高的汇聚层或建筑物间网络中,带宽更加集中在点对点链路上,且部署暗光纤也很昂贵。因此,具有较高频谱效率的 DWDM 是首选。

3. 光纤

光纤正在迅速成为现代数据中心的主要传输媒介。横向扩展网络所需的大量线缆连接驱动了对紧凑型布线解决方案的需求。

在 10 G 线路速率时,数据中心和高性能计算环境中的机架间通信在传统上是基于 VCSEL 的发射机和多模光纤(MMF)的,这主要是由于其收发器成本低。然而,随着这些基于 MMF 的互联成本不断增加,带宽和覆盖范围达到上限(大约 10 Gb/s,几百米),将基于单模光纤(SMF)的互联应用于机架间这样更短的距离也能带来显著的好处[4]。SMF 是一种低成本的商用技术,由于其结构简单,因而在电信行业应用了几十年。单条光纤可以支持数十(至数百)太比特每秒(Tb/s)的带宽。每根 SMF 的这些高带宽不是由单个发射机-接收机对获得的,而是基于前一节所述的 WDM 技术通过采用多对收发机且每对收发机工作于同一光纤中的不同波长上来实现的。

由于这些特性与传统观点相反,在数据中心内基于 SMF 的互联相比于基于 MMF 的互联具有更多优势。如表 2.1 所示,当数据中心的带宽从 10GE、40GE、100GE 扩展到 400GE 时,SMF 在各代网络架构中都可以大大节省线缆成本和缩小体积,因而在 CapEx 和 OpEx 上都有优势。针对特定的互联速度,数据中心内只需要安装一次光纤,随后的速度提升只需要添加波长信道来完成,而同样的光纤基础设施可以保持不变。因此,光纤成为设施的静态部分,并且仅需要一次性安装,类似于配电网络。考虑到存在大量的光纤以及安装它们的时间和费用,这意味着节省巨大的成本。此外,互联带宽的可扩展性大大增强,因为可以将同一光纤中的波长信道速率提升,而不是像 MMF 互联中那样需要增加并行光纤的数量。互联的最大范围也显著增加,同时减少了光纤数量和配线架空间。

表 2.1　SMF 和 MMF 的比较

	SMF 光缆		MMF 光缆	
	成本	体积	成本	体积
10GE	1×	1×	2×	1×
40GE(4×10 Gb/s)	1×	1×	6×	2.25×
100GE(4×25 Gb/s)	1×	1×	12×	2.25×
400GE(16×25 Gb/s)	1×	1×	30×	4×

2.3.2 能耗比例光互联

传统的分层数据中心网络相对于服务器来说，消耗的功率很少，因为其在每一层都存在较高的带宽收敛，并且服务器的利用率也较低。但是，对于横向扩展网络，由于集群对分带宽大幅增加以及服务器利用率提高，网络功耗由原来的不到 12%，到现在可能成为整体数据中心功耗的重要部分[22]。

除了在数据中心使用低功率光收发器之外，还可以通过使通信所消耗的能量与传输的数据量成比例来进一步提高网络功效。

光互联及其相关的高速串行器/解串器(SerDes)在功率和传送带宽方面具有大的动态范围。图 2.7 说明了当前的一个商用交换芯片的归一化动态范围，其中可以相应地手动调整链路数据速率。链路包括四个通道，每个通道的最高速率为 10 Gb/s，因此可以获得 40 Gb/s 的最大链路速率。该特定芯片的动态范围在功率方面为 64%，在性能方面为 16×。因此，可以启用较少数目的通道，并让通道工作在较低的数据速率下，以减少光链路的功耗。这样就可以使得通信的能量消耗与数据传输量成比例，从而实现网络的高功效。

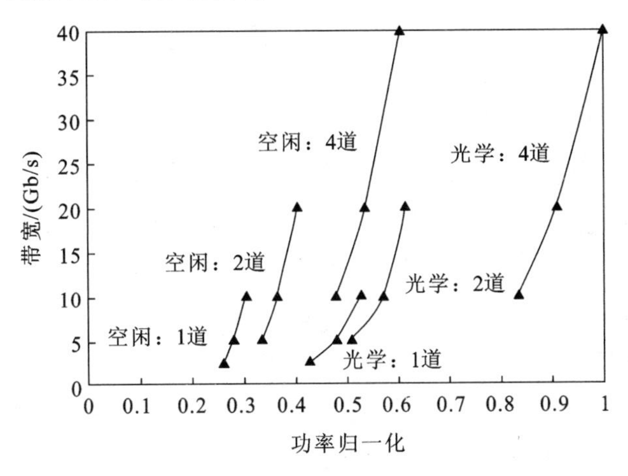

图 2.7　4 通道光链路的功率与带宽动态关系，每通道数据速率从 2.5 Gb/s 到 10 Gb/s

Infiniband 和以太网都允许链路被配置为指定的速度和宽度，虽然链路的重新激活时间可以在几纳秒到几微秒之间完成。例如，当链路速率以 10 Gb/s、20 Gb/s和 40 Gb/s 改变时，在所有四个通道都打开的情况下，芯片只需要简单地改变接收时钟数据恢复(CDR)的带宽并重新锁定 CDR 即可。由于目前大多数 SerDes 在接收路径上都使用数字 CDR，因此接收不同速率数据的锁定过程是很快的，通常为 50 ns 左右，最坏情况下需要 100 ns。添加和移除通道可以节省更多的能量，但是与链路速率变化相比，该过程在几微秒内，相对较慢。

虽然光链路已经能够支持对其性能和功率进行调节，但在当前网络和交换机中，可变链路速度通常是必须手动配置的。随着软件定义网络(SDN)的发展，可以根据实时网络利用率和业务需求对链路速度进行动态配置以调整带宽(和功率)[23]。这样做可以使得横向扩展网络实现能耗比例的互联，但不能从根本上改变网络的性能。

2.4 结论

光学技术已经对数据中心产生了重大影响。然而，我们正处在由新兴光学技术和组件推动数据中心网络架构转型的关键时刻。现有这些以及其他尚未开发的光学技术对于支撑全球计算基础设施的不断增长的性能和带宽需求将是至关重要的。

参考文献

[1] Barroso L et al (2009) The Datacenter as a Computer—an introduction to the design of warehouse-scale machines, May 2009

[2] Lam CF et al (2010) Fiber optic communication technologies: what's needed for datacenter network operations. IEEE Comm

[3] Niranjan R et al PortLand: A scalable fault-tolerant layer 2 datacenter network fabric. In: ACM SIGCOMM'09

[4] Liu H et al Scaling optical interconnects in datacenter networks. In: 18th IEEE HotInterconnects'10, pp 113—116

[5] Al-Fares M et al A scalable, commodity, datacenter network architecture. In: ACM SIGCOMM'10

[6] Vahdat A et al (2010) Scale-out networking in the datacenter. IEEE Micro 29—41

[7] Kim J et al Microarchitecture of a high-Radix router. In: ISCA'05

[8] Farrington N et al Data center switch architecture in the age of merchant silicon. In: 17th IEEE HotInterconnects'09

[9] Greenberg A et al VL2: a scalable and flexible data center network. In: SIGCOMM'10

[10] HSSG IEEE 802 An overview: the next generation of ethernet. http://www.ieee802.org/3/hssg/public/nov07/
[11] Anan T et al (2008) High-speed 1.1-μm-range InGaAs VCSELs. In: OFC
[12] Fukamachi T et al (2009) 95 ℃ uncooled and high power 25-Gbps direct modulation of InGaAlAs ridge waveguide DFB laser. In: ECOC
[13] Shinoda K et al (2010) Monolithic lens integration to 25-Gb/s 1.3-μm surface-emitting DFB laser for short-reach data links. In: OECC
[14] Vivien L et al (2008) 42 GHz p.i.n Germanium photodetector integrated in a silicon-on-insulator waveguide. Opt Express 16
[15] Liu A et al (2008) Recent development in a high-speed silicon optical modulator based on reverse-biased pn diode in a silicon waveguide. Semicond Sci Technol 23
[16] Liu J et al (2010) Ge-on-Si laser operating at room temperature. Opt Lett 35(5): 679—681
[17] Hayashi T et al (2011) Ultra-low-crosstalk multi-core fiber feasible to ultra-long-haul transmission. In: OFC/NFOEC
[18] Zhu B et al (2010) 7 x10-Gb/s multicore multimode fiber transmissions for parallel optical data links. In: ECOC
[19] Lee BG (2010) 120-Gb/s 100-m transmission in a single multicore multimode fiber containing six cores interfaced with a matching VCSEL array. In: Photonics Society Summer Topical
[20] Doerr CR et al (2011) Silicon photonics core-, wavelength-, and polarization-diversity receiver. IEEE Photonics Technol Lett 23(9)
[21] Bimberg D (2007) Semiconductor quantum dots: genesis-the excitonic zoo-novel devices for future applications. In: Kaminow I et al (eds) Optical fiber telecommunications-V, chap 2, vol A. Academic, New York
[22] Abts D et al (2010) Energy proportional datacenter networks. In: Proceedings of the International Symposium on Computer Architecture
[23] Das S et al (2011) Application-aware aggregation and traffic engineering in a converged packet-circuit network. In: OFC

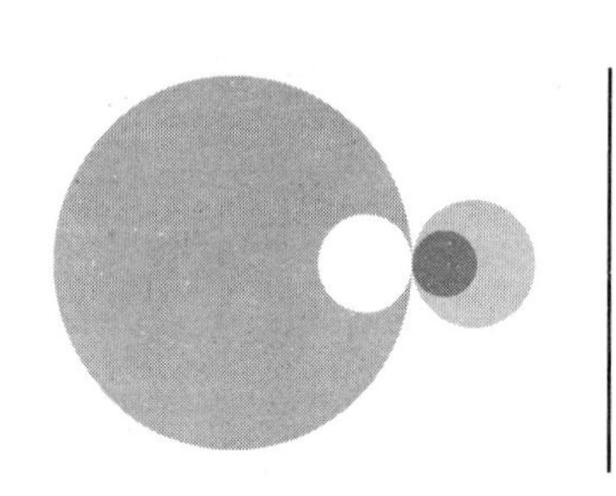

第3章 下一代数据中心光互联网络：端对端视角

3.1 引言

光信号在高带宽传输方面具有巨大的潜力。实验已经证明，单根单模光纤可以承载超过 100 Tb/s 的信号传输[1]。然而，光传输产品在数据中心网络领域的应用仍有很大阻碍。虽然新技术往往都需要较长时间的接受过程，但更大的阻碍是它的高功耗和高成本问题。不过，我们仍然可以看到一些进展，如有源光缆（active optical cable，AoC）已经开始被使用，一些超级计算机也开始计划采用垂直腔面发射激光器模块（vertical cavity surface emitting laser，VCSEL）[2][3][4]。事实上，成本一直是数据中心主要的评价指标，上述解决方案由于过去一直被认为成本过高而没有在商业化的数据中心中得到使用。然而，不断提升的带宽需求正使得光传输在每比特成本方面的优势愈加明显，巨大的带宽需求转变了业界对光传输解决方案的看法。但是光技术仍面临功耗等严峻的挑战，这不仅是一个子系统的功耗问题（或者其他评价标准,如延迟),更重要的是弄清楚光域子系统功耗下降对全系统功耗的影响。因此,光技术在数据中心网络中的应用,依赖于应用软件工程师和网络工程师们紧密合作,探索出一种从应用层面到器件层面整体考虑的端对端解决方案。例如,光域随机存储器虽然目前尚未突破,研制光交换机仍面临巨大的挑战,但开展光域子系统与新颖的调度和路由算法间的协同设计,就可以规避光交换机的局限,成为可行的解决方案[5]~[10]。因此,光域子系统的功能与网络的其他功能紧密相关,我们需要对全系统进行启发式评估,而非仅仅针对光域子系统。

本章介绍了高带宽类应用、微处理器和互联网络三者之间的关系和研究。虽然有很多途径可以提高数据中心的能力和效率,但是我们仅关注那些有高带宽需求的、与互联网络有关的研究。如何应对数据中心内和数据中心间大幅提升的通信流量,如何促进微处理器性能的进一步提升,如何实现低功耗,是驱动数据中心领域创新的三个主要问题。我们首先给出了这三个问题的详细描述,然后总结了使用光互联技术来解决它们的方法。

3.2 数据中心

3.2.1 数据中心和云计算

数据中心的结构和规模多种多样。思科给出了如下定义:“数据中心是一个可控的环境,它承载了关键的计算资源,并采用中心化的管理,企业能够不间断地或根据他们的商业需要来运营。这些计算资源包括大型主机、网页和应用服务器、文件和打印服务器、邮件服务器、应用软件和操作系统、存储子系统和网络基础设施(IP 或 SAN 存储网)。业务涵盖了从内部的财务和人力资源应用,到对外的电子商务和 B2B 应用”[11]。

若从规模上对数据中心进行定义,一般来说,它会比 Warehouse 系统更大,如拥有数万计算机节点的数据中心经常见诸报端[12][13]。参考文献[12]认为大规模数据中心与 Warehouse 规模数据中心有着巨大的差异,大规模数据中心更多的是使用私有的应用程序、中间件和系统软件,并运行为数不多的几个超大规模应用。这种数据中心往往被单个机构掌控,有巨大的技术创新驱动力来达到他们所关注的计算性价比目标,因为系统性能的提升会进一步促进上层应用的创新。

云计算是导致大规模数据中心内流量爆发的主要原因之一。参考文献

[14]对云计算的定义是:云计算可以被看作是用户通过互联网获得的一系列服务,这些服务自身被称为“软件即服务”(Software as a Service,SaaS),它们可能由数据中心的上层应用提供,也有可能由数据中心的硬件和系统软件提供,而数据中心内的硬件和软件就被称为“云”(Cloud)。若一个云采用“量入为出”的模式为公众服务,则我们称之为公有云(Public Cloud),而它提供的服务被称为效用计算(Utility Computing);相反,仅为一个客户或组织提供内部服务的数据中心被称为私有云(Private Cloud)。因此,若不考虑私有云,云计算可以被总结为 SaaS 和 Utility Computing,参与者可以是 SaaS 的用户或提供者,或者 Utility Computing 的用户或提供者。云计算呈现出爆发式增长,2016 年云数据中心流量占数据中心流量的 88%,思科预计到 2021 年云计算流量将占到全部数据中心流量的 95%(http://news.idcquan.com/gjzx/136311.shtml)。

3.2.2 应用

由于视频、卫星影像、P2P 数据传输以及存储系统的广泛应用和速率提升,互联网流量出现了显著的增长[15]。我们只有充分理解这些新兴应用对数据中心内和数据中心间流量的影响,才能找到光域解决方案应用于数据中心的价值。除了像视频流这类绝对流量增长的应用,还有其他一些应用,如医学扫描、虚拟现实和物理仿真正在获取、存储和处理越来越多的数据,我们身边大量的传感器也在搜集和分析越来越多的数据,处理器不断提升的计算能力进一步促进了这一趋势的发展。这些应用产生了海量的数据,这些数据或者在传输过程中在线处理,或者先存储下来再被离线处理。这个世界正在产生愈来愈多的数据。研究人员正在寻找处理这些海量数据的最优方法,以进一步推动诸如移动计算、个人媒体、机器学习、机器人等领域的发展[16]。

一个应用或其执行子阶段可能会高度依赖处理器核来进行计算或传输存储的信息。例如,超级计算领域的地震预测和科学计算应用,它们往往包含两个阶段,一个是通信敏感的阶段,涉及大量存储数据到计算节点的传输,另一个是计算敏感的阶段,计算任务被分割到许多处理器核上执行,而 MapReduce[17]类应用的 Reduce 阶段主要涉及处理器核间的计算结果交换。

再举一个特定的例子,那就是视频领域中的实时事件识别。在智能监控领域,已经有大量的研究工作来自动定位和识别视频中的事件[18][19]。与单帧或单场景的事件检测不同,这里说的事件检测是在一个连续的时间和空间尺度内开展的特定模式的定位和识别，例如，对一个人挥手动作的识别。在现实世界中，这些动作往往发生在拥挤的、动态的环境中，因而非常难以将其与背景图像分离开来。而对于多事件的实时检测，如同时发生的挥手、跑步前行和使用手机，就需要把视频复制多份，然后分发到不同的计算节点上进行并行处理，这极大地增加了数据传输量。

计算机视觉类应用是计算密集型应用，它们在交互模式下有特定的延迟需求，并具有随时变化和数据依赖的执行特征。一般来说，它们具有的特征使其更倾向于并行处理。

图3.1是一个视频检测应用的计算任务分解图，输入的视频流被复制到两个不同的分析模块，分析的结果则被发送至一个归并模块，由其判断最终的事件检测结果。不同子任务间的数据通信需求有明显差异：传输视频数据的管道需要比传输分析结果的管道更高的带宽。

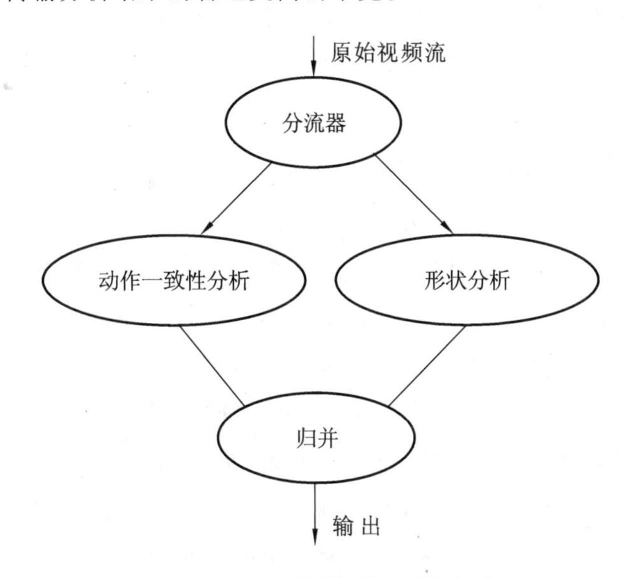

图3.1 事件检测数据流图

同时，需要快速分析的数据量也已经变得非常巨大。例如，标准的NTSC视频，640×480像素×3字节(24色彩)×30帧/秒=27.6 MB/s，如果提高分辨率至1080P，则视频流数率将达到1920×1080像素×3字节×60帧/秒=373.2 MB/s，而这才仅仅是一个摄像头的数据。在大型场所(如机场)的智能识别场景下，将同时有数十到数百个摄像头的数据。虽然一些压缩或者更复杂的算法可以用来降低码流的速率(MPEG压缩对于高清视频可以有接近

100倍的压缩率，对于一般清晰度的视频有20～40倍压缩率)，但这并不能从根本上解决问题，尤其视频监控的应用范围还在不断扩大。为了获得实时响应，有必要将计算任务并行化，这就需要大量处理器核并发执行。例如，物体识别应用就需要数百至数千的处理器核。

3.2.3 微处理器进展

上述新兴应用依赖于大量处理器核的参与，而新型多核处理器的性能提升大大促进了它们的发展。共享内存和共享存储多核/众核架构支撑了计算能力的大幅提升，但也对互联网络提出了新的带宽需求[20][21]。

在处理器层次，存在CPU与CPU之间、CPU与内存之间的通信瓶颈，其所需的互联带宽也在不断增长。尽管以铜为介质的电域互联研究取得进展，但日益严重的信号完整性问题[22][23][24]和功耗约束，使得电域收发器难以通过不断提升复杂度来提高性能。从当前的发展趋势看，到2015年，CPU到内存间的互联带宽需求将超过200 GB/s[25]，而光互联提供了一种实现高带宽、高可扩展和灵活性互联的可能。

3.2.4 网络瓶颈

正如上面讨论的，新兴应用正催生出越来越高的带宽需求。从科学计算应用到搜索引擎和MapReduce应用，它们都需要巨大的集群内通信带宽。所谓集群内的数据中心流量，也称为东西流量，它增长的速度甚至超过了南北流量(出入数据中心的流量)增速。在2011年，微软数据中心内东西流量与南北流量的比例接近4∶1[26]。随着数据中心规模和应用带宽需求的不断增长，实现能接近理想全互联(all-to-all)性能的网络成为巨大挑战。

传统数据中心往往采用树形网络架构(见图3.2)，机柜内的互联带宽比机柜间的带宽更高，即网络存在收敛(over-subscription)。尽管数据中心强调存储和计算系统的大规模扩展(基于商业化标准或低成本处理器)，但是这种架构却更有利于高带宽的局部通信(相邻节点间通信)，而非大规模全局通信。因此，为了获得更高的通信效率，并行程序的部署变得愈加困难，它必须选择合适的计算节点，以适应这种存在收敛的网络架构。如前文所述，许多应用在使用越来越多的处理器核，这进一步增加了并行程序部署的困难。另外，为了充分发挥虚拟化[27]的优势，非常有必要降低计算任务和数据存储在部署方面的限制和依赖[28]。因此，尽管微处理器提供了越来越强大的计算能力，通信和新兴应用的性能却受到了互联网络的限制[29]。正如亚马逊公司 James Hamilton 评论道:"我们正在容忍网络限制我们对最有价值资产的优化"(http://perspectives.mvdirona.com/2010/10/31/DatacenterNet worksAreInMyWay.aspx)。

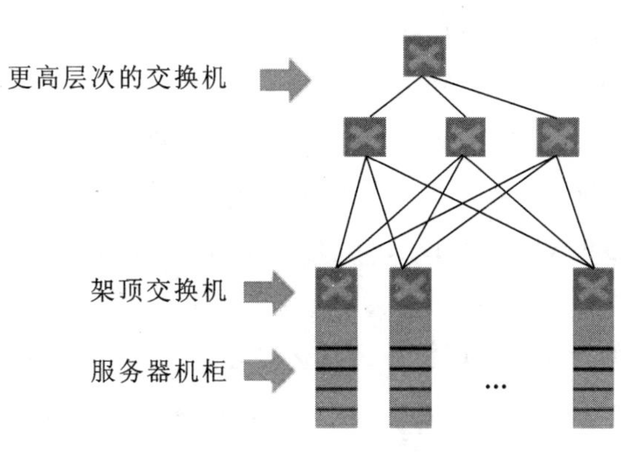

图 3.2 数据中心网络树形拓扑图

(东西流量是不同机柜内节点或服务器间的通信流量,新兴应用促进了此类流量的不断增长)

3.2.5 能量效率和能量占比

无论从社会责任还是从经济成本,人们都越来越认识到,计算机网络的能耗不能维持以前的增长速度[24][30][31]。据估算,2006 年美国 1.5%的电能(610 亿千瓦时)被服务器和数据中心消耗,比 2000 年翻了一番。随着越来越多的数据要在数据中心存储和处理,数据中心的数目在不断增加,数据中心的服务器数目不断增加,其所需的网络和制冷设备也在不断增加,数据中心消耗的能量会大幅增加,除非因经济下行而受到影响[32][33][34]。目前数据中心的选址已经开始考虑电力价格因素了,例如,Google 沿着哥伦比亚河峡谷建立了数据中心以利用其廉价的电能。虽然云计算[14][35]和虚拟化技术[27]可以辅助降低能耗,但数据中心整体能耗上升的趋势仍然无法改变,因此,业界花费了巨大的努力来提高数据中心的能效。

除了带来巨额电费开支,能耗其实已经成为一个公共社会问题,以移动"比特"替代移动"原子"的非物质化价值并不完全明确。《伦敦时报》报道称,每两次 Google 搜索就会消耗煮沸一瓶水的能量(http://www.technewsworld.com/rsstory/65794.html)。这引发了一系列的评论、解释和澄清(http://googleblog.blogspot.com/2009/01/powering-google-search.html)。为了平息争论,Google 发表声明,一个一般的 Google 用户一年内的搜索仅会产生等同于洗一次衣服的二

氧化碳排放量，15000 次搜索仅会消耗生产一个芝士汉堡的能量(http://googleblog.blogspot.com/2009/05/energy-and-internet.html)。目前尚不清楚有没有一个声明或质疑把这个问题阐述清楚，但我们确实需要将每天的互联网行为与其他现实生活中的活动联系起来。

有关能耗的讨论已经不仅仅限于讨论节能降耗。除 Koomey 著名的全球数据中心用电量调查[33][34]以外，Greenpeace 也发表了题为“你的数据有多么肮脏?”的报道(http://www.greenpeace.org/international/Global/international/publications/climate/2011/Cool%20IT/dirty-data-report-greenpeace.pdf)，其中将 IT 业划分为效率 IT 和绿色 IT。他们认为，提升数据中心的能效只会鼓励使用更多的数据中心，进而导致整体的能源消耗提升。

从技术上看，过去几年里已经找到了很多提高能效的方法，能源利用效率指标 PUE(power usage effectiveness)已经被广泛采用。PUE 等于整个基础设施功耗除以 IT 设备功耗，因此它能够反映出一个数据中心利用能源的效率，最理想的情况是 PUE=1.0。Google 每个季度都会报告其数据中心的 PUE 值并给出相关降低功耗的技术，这一数值一直在下降，目前已经接近 1.2(http://www.google.com/about/datacenters/inside/efficiency/power-usage.html)。在位于美国路易斯安那州派恩维尔的 Facebook 数据中心中，它的冷风道温度为 81 ℉(约 27 ℃)，从服务器中散出的热风用来给办公室供热。他们把服务器变为 1.5U的高度以获得更好的散热效果，并已经将数据中心 PUE 降低到了非常可观的 1.08。

在《The Case for Energy Proportional Computing》[38]一文中，Barroso 和 Holzle 指出，对 CPU 平均利用率的研究发现，服务器很少完全空闲，也很少工作在最大利用率模式下，也就是说，服务器大部分时间工作在低能效的状态下。他们称能量比例计算(energy proportional computing)具有将能效提升一倍的可能，因而引发了广泛的关注。但有一点必须明确，100%的利用率并不一定是一个理想的目标，因为这样反而会使得系统的性能变得很差。此外，关掉相对空闲的服务器也不是一个看起来那么有效的解决方案，这是因为数据往往分散在所有服务器中，空闲的时间仍会执行一些后台任务。参考文献[39]的作者在能量比例计算的基础上，进一步提出了能量比例数据中心网络的概念。他们指出，随着网络收敛比不断下降、网络对剖带宽(bisection bandwidth)越来越高，数据中心需要更多的交换容量和网络设备，因此网络所占的能耗比例将越来越高。而构建能量比例数据中心网络的核心在于网络拓扑(他们建议采用 Flattened Butterfly 拓扑)和高带宽链路的使用。此外,他们还提出动态拓扑的概念来实现一个动态变化的能量比例网络。

3.3 光互联

3.3.1 系统级互联网络

数据中心的流量大幅增长,新兴应用的发展、半导体技术的进步和降低能耗的需求都在引发数据中心的架构变革。来自工业界和学术界的研究团队投入了大量精力来寻找提高数据中心性能,同时降低数据中心能耗的解决方案。这些研究涉及软件、电子学、光子学以及各学科间的交叉,有一些研究关注基于商用化部件的近期解决方案,有一些则依赖于新型器件的研究,主要是硅基光子学。

相比以往使用高成本、高带宽设备的纵向扩展方案,很多研究团队提出横向扩展方案,即通过大量堆叠廉价商品化硬件来构建高对剖带宽的电域网络。但是横向扩展方案引入了更高的布线成本和更高的交换复杂度[40]。如果我们的目标是得到面向未来几代的数据中心解决方案,那么横向扩展仍然只能算是短期的可行方案[41]~[45]。而最初在超级计算领域提出的混合光电网络却得到了广泛的关注,多个团队几乎同时提出将这一架构应用于数据中心领域[6][7][47]。该架构的基本思想是:全等分对剖带宽对于提高性能并不是必需的,因为在树形拓扑的高层网络提供一些高带宽管道就足以降低拥塞(见图 3.3)。此外,如果高带宽需求是用于对延迟不敏感且生存周期长的网络流量,那么这些高带宽链路可以基于商业化的光链路和光 MEMS 交换机实现。通过使用基于线路交换的光交换机,这些网络就不仅仅是光电混合网络,而且还是混合分组/线路交换网络了。参考文献[47]提供了 MEMS 交换的重构时间参数,并考虑了其在金融领域的应用。

Helios[6] 和 c-Through[8][48] 两种方案的主要差异是在流量的预测和缓存机制上。一开始就形成的普遍共识是,光电混合网络的优势依赖于数据中心网络的流量特征和能够感知应用特征的接口。参考文献[49]对相关研究进行了全面的综述,并指出了它们的局限性。这些光电混合网络的局限性往往来自它们使用的商品化设备,如引入的时间约束条件[50]。认识到 MEMS 交换机

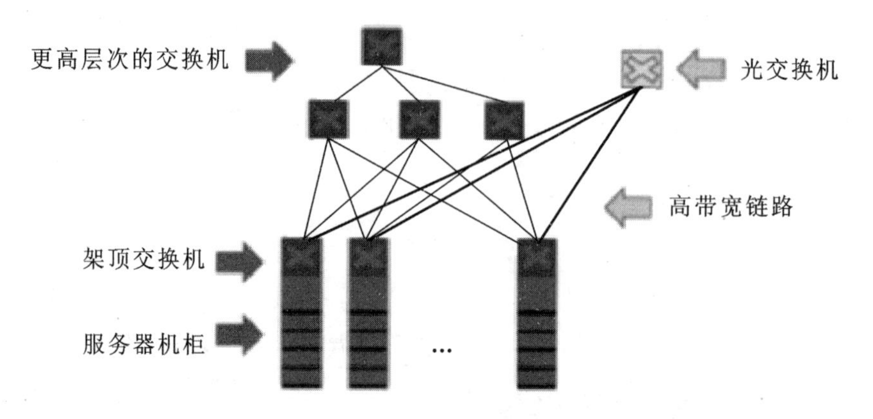

图 3.3　混合光电(线路交换/分组交换)网络结构图。基于传统的树形结构(细线),混合网络增加了一个光交换机,提供高速光链路(粗线)以实现高带宽传输

的光路切换时间问题和规模扩展性问题,参考文献[51]采用了半导体放大器作为混合分组/线路交换机。NEC 提出了 Proteus 架构,通过使用 WSS(波长选择开关)来提升扩展性[52]。参考文献[49]通过分析混合光电实验结果后认为,该架构面临着软件方面的挑战。他们认为,为了进行动态光路切换和流量调度,必须分析应用的需求以及数据中心流量在空间和时间上的差异特性。因此,他们提出了一种基于 OpenFlow 的控制框架来解决这一问题。这些混合解决方案给光电子学专业以外的人带来了新的设计思想和潜在的解决方案,大大增加了在计算机网络中采用光技术的可能性。

3.3.2　片上光网络

上面讨论的网络侧重于解决传统树形架构的通信瓶颈,主要是采用商业化或接近商业化的设备来优化树形结构本身。正如前面简单介绍过的,在微处理器层次其实也存在巨大的带宽压力。随着单芯片处理器核数目的增加,就必须有一个高带宽的高效互联网络。硅光互联既能够发挥光信号高容量和对上层透明的特性,又能获得大规模 CMOS 晶圆厂的生产能力,极可能成为突破通信瓶颈的基础技术。很多年前研究人员就发现,如果光器件能够在硅基器件制造环境中生产,那么就可以解决光器件在计算机系统中应用的高成本问题[53]。这一节将简要地介绍一些基础器件和该领域最有价值的研究方向。

目前已经开展了大量有关片上光网络架构以及相关基础器件的研究。首先,光波导在信号质量和损耗性能方面在稳步提升[54]。光波导的损耗特性取决于几何结构和制造工艺[53][55][56][57]。参考文献[53]给出了一种非常低插损的混合硅波导电路,该电路包含了传输损耗为(0.272±0.012) dB/cm 的条形波导和损耗为(0.0273±0.0004) dB/90°的 5 μm 半径的紧凑光子弯曲波导。在参考文献[56]中,Oracle 和 Kotura 展示了一种低损耗浅脊硅波导,其在 C 波段的平均传输损耗为 0.274 dB/cm。此外,新的浅蚀刻技术也正在研究过程中[57]。

高速调制器是构成光链路的核心部件。无论是硅基马赫-曾德尔(Mach-Zehnder)调制器,还是电控环形谐振器(ring resonator),硅基光调制器都已经获得巨大的进步(见图 3.4)[58][59]。

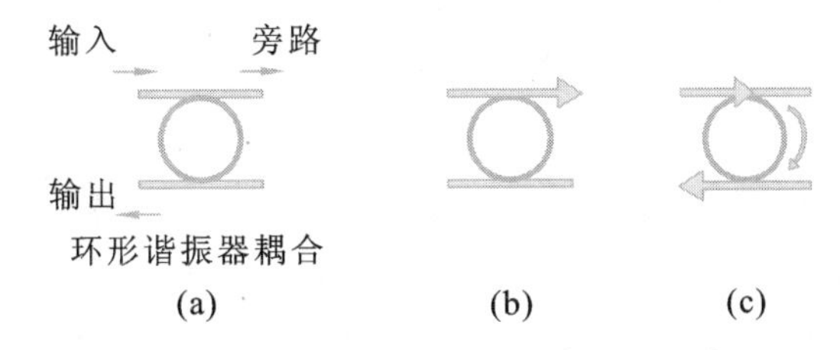

图 3.4 (a)环形谐振器的基本结构图;(b)当传输的波长不在环形谐振器的谐振范围时(即环形谐振器的周长不是光波长的整数倍时),光信号将直接穿过环形谐振器到达旁路输出端口;(c)当传输的波长在环形谐振器的谐振区域(即环形谐振器的周长是光波长的整数倍)时,从输入光波导进入的光信号将被耦合进入环形谐振器,然后通过环形谐振器耦合至 drop 端口

许多研究小组都在开发能够降低功耗、提升带宽和提升制造容差性的新技术。参考文献[60]给出了一种 40 Gb/s 速率的全硅基光调制器,它采用 COMS 兼容工艺,在 TE 和 TM 偏振模式下,消光比接近 6.5 dB。Intel 也展示了一种基于自由载流子等离子色散效应的高速硅基光调制器,它利用了嵌入绝缘硅(silicon-on-insulator)光波导中的 PN 结的载流子消耗机制。此外,一种数据传输率高达 40 Gb/s 的行波结构设计也实现了约 30 GHz 的 3 dB 带宽。

低功耗的硅光是硅基调制器的关键需求,目前在这方面已经有大量的研究工作[62]~[65]。Oracle 展示了一种驱动电路功耗小于 100 fJ/b 的标准环形谐振器[62]。参考文献[65]梳理并分析了垂直连接微盘调制器(vertical junction microdisk modulator)的超低功耗潜力,并展示了其第一个功耗低于 100 fJ/b 的硅基调制器。

基于环形谐振调制器和滤波器的光谱对齐网络正在被应用于光片上网络领域[66][67]。宽带光开关也同样得到了应用[68][69]。参考文献[68]介绍了一种多波长高速 2×2 硅光开关并进行了流片制备,实验证明了其可以用于光片上网络的超高带宽消息转发。这种硅光开关采用了两个微环谐振器来实现开关的直通和交叉状态。

微环的低功耗调谐和微调是光片上网络——尤其是使用了数千个环形谐振器的网络的重要研究方向。目前已经提出了许多方法,如电极加热和增加一层热补偿材料[70]~[74]等方法。

在硅基链路方面,锗是光电探测器的首选元素。基于锗的光电探测器可以实现与硅器件的单片集成,且完全与 CMOS 生产工艺兼容[75]~[78]。参考文献[75]展示了容抗仅 2.4 fF、脉冲响应时间达 8.8 ps 的波导集成锗光电探测器。Intel[76]展示了容抗小于 1 fF 和响应度达 0.9 A/W 的锗光电探测器,只是 12.5 ps 的响应时间略高了些。

光源是最后一个挑战。众所周知,因为硅是一个间接带隙材料,尽管付出了大量的努力[79]~[84],但仍无法实现高效的、可批量生产的硅基光源。因此,一些研究人员选择绕过片上硅基光源,而使用片外光源。毕竟片外光源技术已经非常成熟,它不仅具有很低的成本,还具有可替换的优势,它的功耗虽然占整个系统功耗的一部分,却不会加剧片上的散热问题。但是,片外光源却引入了额外的封装和校准的挑战,这需要片上器件布局的配合。而高效的片上光源不需要这种耦合,并且可以实现更小的系统封装和更低的功耗。片上光源意味着要重新设计全新的激光器,这种激光器必须能够实现大规模批量生产,以保持硅光电路的低成本优势。当前做得最好的光源包括 Intel 和 UCSB 研发的混合激光器[82],以及 MIT 和 APIC 研发的锗激光器[83][84]。

通过上面的讨论,我们可以看到,构成硅光片上网络的器件基本都在实验室中得到了验证,而且已经提出了许多网络架构。继续提高器件性能和降低器件功耗固然重要,但更多的努力已经转移到了可制造性方面的研发,这涉及成本、良品率以及与标准 CMOS 工艺的兼容度。

3.4 结论

在过去的数年中,数据中心经历了不同寻常的变化,甚至影响到了我们的生活。同时,在处理器层次,不断增加的处理器核数目给处理器间互联、处理器与内存互联的带宽带来巨大压力。这种巨大的带宽需求,促使学术界和工业界一起寻找能够利用光信号巨大传输能力的解决方案。根据前文所述,做一个简短且不完整的总结:从数据中心系统架构研究到片上互联研究的结果看,尽管还有许多技术方面的挑战,但光已经被认为是未来数据中心扩展的解决方案。光交换机可以提供高带宽和低延迟,但这种性能和吞吐率的优势必须藉由创新性的路由和调度算法配合才能发挥。硅光子器件领域处于快速发展的阶段,大量的研发工作正在开展,以证明硅光器件是经济、高能效以及可规模生产的。光学正对数据中心产生着巨大影响,短期它可以克服当前的带宽、功耗瓶颈,长期来看,它将成为新架构和新应用的使能技术。

致谢:作者向在研究和讨论过程中贡献想法的同事和合作者致以感谢,尤其感谢 Keren Bergman、Robert Killy、Lily Mummert、Phil Watts 和 Kevin Williams。

参考文献

[1] Qian D, Huang M-F, Ip E, Huang Y-K, Shao Y, J Hu, Wang T (2012) High capacity/spectral efficiency 101.7-Tb/s WDM transmission using PDM-128QAM-OFDM over 165-km SSMF within C- and L-bands. J Lightwave Technol 30(10):1540—1548

[2] Kash JA, Benner A, Doany FE, Kuchta D, Lee BG, Pepeljugoski P, Schares L, Schow C, Taubenblatt M (2011) Optical interconnects in future servers. In: Optical fiber communication conference, Paper OWQ1

[3] Benner AF, Ignatowski M, Kash JA, Kuchta DM, Ritter MB (2005) Exploitation of optical interconnects in future server architectures. IBM J Res Dev 49(4/5):755

[4] Schow C, Doany F, Kash J (2010) Get on the optical bus. IEEE Spectrum 47(9):32—56

[5] Glick M (2008) Optical interconnects in next generation data centers: an end to end view. In: Proceedings of the 2008 16th IEEE symposium on high performance interconnects, pp 178—181, August 2008

[6] Farrington N, Porter G, Radhakrishnan S, Bazzaz HH, Subramanya V, Fainman Y (2010) Helios: a hybrid electrical/optical switch architecture for modular data centers. ACM SIGCOMM Comp Comm Rev 40(4): 339—350

[7] Glick M, Andersen DG, Kaminsky M, Mummert L (2009) Dynamically reconfigurable optical links for high-bandwidth data center networks. In: Optical Fiber Communication Conference, OFC 2009, pp 1—3

[8] Wang G, Andersen DG, Kaminsky M, Papagiannaki K, Ng TS, Kozuch M, Ryan M (2010) c-Through: part-time optics in data centers. ACM SIGCOMM Comp Comm Rev 40(4): 327—338

[9] Petracca M, Lee BG, Bergman K, Carloni LP (2009) Photonic NoCs: system-level design exploration. IEEE Micro 29(4): 74—85

[10] Batten C, Joshi A, Orcutt J, Khilo A, Moss B, Holzwarth CW, Popovic MA, Li H, Smith HI, Hoyt JL, Kartner FX, Ram RJ, Stojanovic V, Asanovic K (2009) Building many-core processor-to-DRAM networks with monolithic CMOS silicon photonics. IEEE Micro 29(4)

[11] Arregoces M, Portolani M (2003) Data center fundamentals. Data Center Fundamentals Cisco Press. ISBN: 1587050234

[12] Hoelzle U, Barroso LA (2009) The datacenter as a computer: an introduction to the design of warehouse-scale machines (synthesis lectures on computer architecture). Morgan and Claypool Publishers. (http://www.morganclaypool.com/doi/pdf/10.2200/S00193ED1V01Y200905CAC006). ISBN: 159829556X

[13] Katz RH (2009) Tech Titans building boom. IEEE Spectrum 46(2): 40—54

[14] Armbrust M et al Above the clouds; A Berkeley view of cloud computing. http://www.eecs.berkeley.edu/Pubs/TechRpts/2009/EECS-2009-28.pdf. Accessed June 2012

[15] Netflix now biggest source of internet traffic in North America. http://www. huffingtonpost. com/2011/05/17/biggest-source-of-us-inte_n_863474. html. Accessed June 2012

[16] Kozuch M, Campbell J, Glick M and Pillai P (2010) Cloud computing on rich data. Intel Technol J 14(1). http://www. intel. com/technology/itj/2010/v14i1/index. htm

[17] Dean J, Ghemawat S (2008) MapReduce: simplified data processing on large clusters. In: Communications of the ACM-50th anniversary issue, vol 51, no 1. ACM, New York, pp 107—113

[18] Ke Y, Sukthankar R, Hebert M (2007) Event detection in crowded videos. In: Proceedings of International Conference on Computer Vision, 2007, pp 1—8

[19] Leininger B A next-generation system enables persistent surveillance of wide areas. http://spie. org/x23645. xml. Accessed July 2012

[20] Vangal S et al (2007) An 80-tile 1. 28 TFLOPS network-on-chip in 65 nm CMOS. In: Intl. solid state circuits conference, Feb 2007, pp 98—100

[21] Patterson D (2010) The trouble with multicore. IEEE Spectrum 47(7): 28—32

[22] Young IA, Mohammed E, Liao JTS, Kern AM, Palermo S, Block BA, Reshotko MR, Chang PLD (2010) Optical I/O technology for tera-scale computing. IEEE J Solid-State Circ 45(1): 235—248

[23] Balamurugan G, Casper B, Jaussi JE, Mansuri M, O'Mahony F, Kennedy J (2009) Modeling and analysis of high-speed I/O links. IEEE Trans Adv Packaging 32(2): 237—247

[24] Miller DAB (2009) Device requirements for optical interconnects to silicon chips. Proc IEEE 97(7): 1166—1185

[25] Young IA, Mohammed E, Liao JTS, Kern AM, Palermo S, Block BA, Reshotko MR, Chang PLD (2010) Optical technology for energy efficient I/O in high performance computing. IEEE Comm Mag 48(10): 184—191

[26] Gill P, Greenberg A, Jain N, Nagappan N (2011) Understanding network

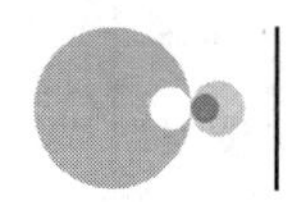

failures in data centers: measurement, analysis, and implications. ACM Sigcomm 41(4):350—361

[27] Barham P et al (2003) Xen and the art of virtualization. In: ACM SIGOPS operating systems review archive, vol 37, no 5 (table of contents SOSP'03), pp 164—177

[28] Al-Fares M, Radhakrishnan S, Raghavan B, Huang N, Vahdat A (2010) Hedera: dynamic flow scheduling for data center networks. In: USENIX NSDI, NSDI'10 Proceedings of the 7th USENIX conference on Networked systems design and implementation, April 2010 pp 19—20

[29] Kandula S, Sengupta S, Greenberg A, Patel P, Chaiken R The nature of data center traffic: measurements & analysis. In: Proceedings of the 9th ACM SIGCOMM conference on Internet measurement conference, 04—06 November 2009, Chicago, IL, USA

[30] Glick M, Benlachtar Y, Killey RI (2009) Performance and power consumption of digital signal processing based transceivers for optical interconnect applications. In: 11th International Conference on Transparent Optical Networks, ICTON 2009, pp 1—4

[31] Barroso LA, Dean J, Holzle U (2003) Web search for a planet: the Google cluster architecture. IEEE Micro 23(2):22—28

[32] Report to Congress on Server and Data Center Energy Efficiency, Public Law 109—431 US Environmental Protection Agency ENERGY STAR Program. http://www. energystar. gov/ia/partners/prod development/downloads/EPA_Datacenter_Report_Congress_Final1. pdf. Accessed 2 August 2007

[33] Koomey JG, Estimating total power consumption by servers in the U. S. and the world. http://sites. amd. com/de/Documents/svrpwrusecompletefinal. pdf. Accessed May 2012

[34] Koomey JG, Growth in data center electricity usage 2005 to 2010. http://www. migrationsolutions. co. uk/Content/Uploads/koomeydata-centerelectuse2011. pdf. Accessed July 2012

[35] Weiss A (2007) netWorker. Vol. 11:Issue 4

[36] Tucker R, International Workshop on the Cloud/Grid/Utility Computing over Optical Networks OFC/NFOEC 2009, http://www.cse.buffalo.edu/Cloud/. Accessed August 2012

[37] Frachtenberg E, Heydari A, Li H, Michael A, Na J, Nisbet A, Sarti P (2011) High efficiency server design. In: Proceedings of the 24th IEEE/ACM international conference on high performance computing, networking, storage and analysis (SC) Seattle, WA, November 2011. Facebook server room tour http://www.youtube.com/watch?v=nhOo1ZtrH8c&feature=g-hist&context=G2a51b55AHT0RQGAABAA

[38] Barroso LA, Holzle U (2007) The case for energy proportional computing. IEEE Comp 40:12

[39] Abts D, Marty MR, Wells PM, Klausler P, Liu H (2010) Energy proportional datacenter networks. In: International Symposium on Computer Architecture, ACM (2010), pp 338—347

[40] Farrington N, Rubow E, Vahdat A Data center switch architecture in the age of merchant silicon. In: 7th IEEE Symposium on High Performance Interconnects, pp 93—102

[41] Al-Fares M, Loukissas A, Vahdat A (2008) A scalable, commodity, data center network architecture. In: Proceedings of ACM SIGCOMM, Seattle, WA, Aug 2008

[42] Greenberg A, Jain N, Kandula S, Kim C, Lahiri P, Maltz D, Patel P, Sengupta S (2009) VL2: A scalable and flexible data center network. In: Proceedings of ACM SIGCOMM, Barcelona, Spain, Aug 2009

[43] Guo C, Wu H, Tan K, Shi L, Zhang Y, Lu S (2008) DCell: a scalable and fault-tolerant network structure for data centers. In: Proceedings of ACM SIGCOMM, Seattle, WA, Aug 2008

[44] Guo C, Lu G, Li D, Wu H, Zhang X, Shi Y, Tian C, Zhang Y, Lu S (2009) BCube: a high performance, server-centric network architecture for modular data centers. In: Proceedings of ACM SIGCOMM,

Barcelona, Spain, Aug 2009

[45] Mysore RN, Pamboris A, Farrington N, Huang N, Miri P, Radhakrishnan S, Subramanya V, Vahdat A (2009) Portland: a scalable fault-tolerant layer2 data center network fabric. In: Proceedings of ACM SIGCOMM, Barcelona, Spain, Aug 2009

[46] Barker KJ et al On the feasibility of optical circuit switching for high performance computing systems. In: Proceedings of the ACM/IEEE SC 2005 Conference on Supercomputing, pp 16

[47] Schares L, Zhang XJ, Wagle R, Rajan D, Selo P, Chang SP, Giles J, Hildrum K, Kuchta D, Wolf J, Schenfeld E (2009) A reconfigurable interconnect fabric with optical circuit switch and software optimizer for stream computing systems. In: Conference on Optical Fiber Communication, OFC 2009, pp 1—3

[48] Wang G, Andersen DG, Kaminsky M, Kozuch M, Ng TSE, Papagiannaki K, Glick M, Mummert L Your data center is a router: the case for reconfigurable optical circuit switched paths. In: ACM HotNets'09

[49] Bazzaz HH, Tewari M, Wang G, Porter G, Ng TSE, Andersen DG, Kaminsky M, Kozuch MA, Vahdat A (2011) Switching the optical divide: Fundamental challenges for hybrid electrical/optical datacenter networks. In: Proceedings of the 2nd ACM Symposium on Cloud Computing, pp 30

[50] Farrington N, Fainman Y, Liu H, Papen G, Vahdat A (2011) Hardware requirement for optical circuit switched data center networks. In: Optical fiber conference (OFC/NFOEC'11), Mar 2011

[51] Wang H, Garg AS, Bergman K, Glick M Design and demonstration of an all-optical hybrid packet and circuit switched network platform for next generation data centers. In: Conference on Optical Fiber Communication (OFC), 2010(OFC/NFOEC), pp 1—3

[52] Singla A, Singh A, Ramachandran K, Xu L, Zhang Y (2010) Proteus: a topology malleable data center network. In: ACM HotNets, Proceedings of the 9th ACM SIGCOMM Workshop on Hot Topics in Networks, Article no. 8

[53] Soref R (2006) The past, present, and future of silicon photonics. IEEE J Sel Top Quant Electron 12(6):1678—1687

[54] Selvaraja SK, Bogaerts W, Dumon P, Van Thourhout D, Baets RG (2010) Subnanometer linewidth uniformity in silicon nanophotonic waveguide devices using CMOS fabrication technology. IEEE J Sel Top Quant Electron 16(1):316—324

[55] Selvaraja SK, Bogaerts W, Absil P, Thourhout DV, Baets R (2010) Record low-loss hybrid rib/wire waveguides for silicon photonic circuits. In: 7th International Conference on Group IV Photonics, pp 1—3

[56] Dong P, Qian W, Liao S, Liang H, Kung C-C, Feng N-N, Shafiiha R, Fong J, Feng D, Krishnamoorthy AV, Asghari M (2010) Low loss silicon waveguides for application of optical interconnects. In: Photonics society summer topical meeting series, IEEE, 19—21 July 2010, pp 191—192

[57] Cardenas J, Poitras C, Robinson J, Preston K, Chen L, Lipson M (2009) Lowloss etchless silicon photonic waveguides. Opt Express 17(6): 4752—4757

[58] Lipson M(2006) Compact electro-optic modulators on a silicon chip. J Sel Top Quant Electron 12:1520

[59] Marris-Morini D, Vivien L, Rasigade G, Fedeli J-M, Cassan E, Le Roux X, Crozat P, Maine S, Lupu A, Lyan P, Rivallin P, Halbwax M, Laval S (2009) Recent progress in high-speed silicon-based optical modulators. Proc IEEE 97(7):1199—1215

[60] Gardes FY, Thomson DJ, Emerson NG, Reed GT (2011) 40 Gb/s silicon photonics modulator for TE and TM polarisations. Opt Express 19(12): 11804—11814

[61] Liao L, Liu A, Rubin D, Basak J, Chetrit Y, Nguyen H, Cohen R, Izhaky N, Paniccia M (2007) 40 Gbit/s silicon optical modulator for high speed applications. Electron Lett 43(22):1196—1197

[62] Zheng X, Liu F, Lexau J, Patil D, Li G, Luo Y, Thacker H, Shubin I, Yao

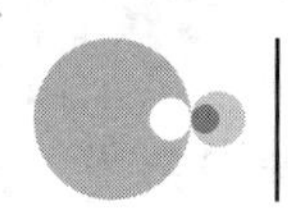

J, Raj K, Ho R, Cunningham JE, Krishnamoorthy AV (2011) Ultra-low power arrayed CMOS silicon photonic transceivers for an 80 Gbps WDM optical link. In: Optical fiber communication conference (OFC 2011), Paper PDPA

[63] Rosenberg JC, Green WM, Assefa S, Barwicz T, Yang M, Shank SM, Vlasov YA (2011) Low-power 30 Gbps silicon microring modulator. In: CLEO- laser applications photonic applications, OSA Tech. Dig, Baltimore, MD, 2011, Paper PDPB9

[64] Miller DAB (2012) Energy consumption in optical modulators for interconnects. Opt Express 20(S2): A293

[65] Watts MR, Zortman WA, Trotter DC, Young RW, Lentine AL (2011) Vertical junction silicon microdisk modulators and switches. Opt Express 19 (22): 21989—22003

[66] Vantrease D, Schreiber R, Monchiero M, McLaren M, Jouppi NP, Fiorentino M, Davis A, Binkert N, Beausoleil RG, Ahn JH (2008) Corona: System implications of emerging nanophotonic technology. In: Proceedings of the 35th international symposium on computer architecture, Beijing, China, June 2008

[67] Joshi A, Batten C, Kwon Y-J, Beamer S, Shamim I, Asanovic K, Stojanovic V (2009) Silicon-photonic clos networks for global on-chip communication. In: Proceedings of the 2009 3rd ACM/IEEE international symposium on networks-on-chip, pp 124—133, 10—13 May 2009

[68] Lee BG, Biberman A, Sherwood-Droz N, Poitras CB, Lipson M, Bergman K (2009) Highspeed 2×2 switch for multiwavelength silicon-photonic networks-on-chip. J Lightwave Technol 27(14): 2900—2907

[69] Yang M, Green WMJ, Assefa S, Van Campenhout J, Lee BG, Jahnes CV, Doany FE, Schow CL, Kash JA, Vlasov Y (2011) A non-blocking 4×4 electro-optic silicon switch for on-chip photonic networks. Opt Express 19(1): 47—54

[70] Zortman WA, Lentine AL, Trotter DC, Watts MR (2011) Low-voltage differentially-signaled modulators. Opt Express 19(27): 26017—26026

[71] DeRose CT, Watts MR, Trotter DC, Luck DL, Nielson GN, Young RW Silicon microring modulator with integrated heater and temperature sensor for thermal control. In: Conference on lasers and electro-optics, OSA Technical Digest (CD), Paper CThJ3. Optical Society of America, 2010
[72] Teng J, Dumon P, Bogaerts W, Zhang H, Jian X, Han X, Zhao M, Morthier G, Baets R (2009) Athermal silicon-on-insulator ring resonators by overlaying a polymer cladding on narrowed waveguides. Opt Express 17:14627—14633
[73] Raghunathan V, Ye WN, J Hu, Izuhara T, Michel J, Kimerling L (2010) Athermal operation of silicon waveguides: spectral, second order and footprint. Optics Express 18(17):17631—17639
[74] Guha B, Kyotoku BB, Lipson M (2010) CMOS-compatible athermal silicon microring resonators. Opt Express 18(4):3487—3493
[75] Chen L, Lipson M (2009) Ultra-low capacitance and high speed germanium photodetectors on silicon. Opt Express 17(10):7901—7906
[76] Reshotko MR, Block BA, Jin B, Chang P (2008) Waveguide coupled Ge-on-oxide photodetectors for integrated optical links. In: 5th IEEE international conference on group IV photonics, 2008, pp 182—184
[77] Feng N-N, Dong P, Zheng D, Liao S, Liang H, Shafiiha R, Feng D, Li G, Cunningham JE, Krishnamoorthy AV, Asghari M (2010) Vertical p-i-n germanium photodetector with high external responsivity integrated with large core Si waveguides. Opt Express 18(1):96—101
[78] Ahn D, Hong C-Y, Liu J, Giziewicz W, Beals M, Kimerling LC, Michel J, Chen J, Kärtner FX (2007) High performance, waveguide integrated Ge photodetectors. Opt Express 15(7):3916—3921
[79] Pavesi L, Lockwood DJ (2004) Silicon photonics. Springer, New York
[80] Rong H et al (2005) A continuous-wave Raman silicon laser. Nature 433:725—728
[81] Boyraz O, Jalali B (2004) Demonstration of a silicon Raman laser. Opt Express 12:5269

[82] Fang AW, Park H, Cohen O, Jones R, Paniccia M, Bowers JE (2006) Electrically pumped hybrid AlGaInAs-silicon evanescent laser. Opt Express 14:9203—9210

[83] Sun X, Liu J, Kimerling LC, Michel J (2010) Toward a germanium laser for integrated silicon photonics. IEEE Sel Top Quant Electron 16:124—131

[84] Michel J, Camacho-Aguilera RE, Gai Y, Patel N, Bessette JT, Romagnoli M, Dutt R, Kimerling L An electrically pumped Ge on Si laser. In: OFC 2012 PDP5A. 6

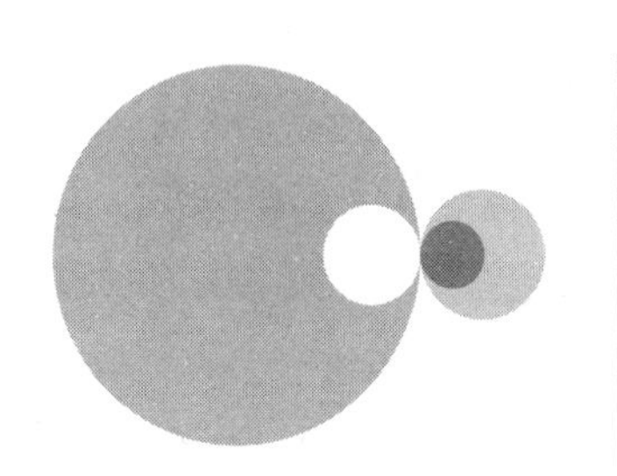

第4章 数据和负载密集型云计算数据中心的仿真和性能分析

4.1 引言

数据中心作为一种提供计算资源的形式变得越来越流行。随着计算能力的提升，数据中心的建造和运营成本变得愈加高昂[1]。能耗问题逐渐被数据中心运营者所关注，并且相关成本已经成为数据中心运营成本（OpEx）中重要组成部分[2][3]。根据 Gartner 公司的估算，能耗相关成本已占到当前 OpEx 的10%。未来几年内，这一数字将升高至 50%。事实上，计算的能量消耗只占 OpEx 中能耗的一部分。数据中心需要有配套的冷却系统来散去计算能耗所产生的热量，如果数据中心温度无法保持在可操作范围内，就会大大降低硬件的可靠性，并可能违反与客户的服务级别协议（SLA），而冷却系统每年的成本在二百万到五百万美元之间[5]。

从能量效率的角度来看，云计算数据中心是为满足用户需求，“将功率转换为计算或数据传输任务”的计算和通信资源池。因此，节能解决方案首先专注于提高数据中心硬件组件的电源效率，如动态电压及频率调节（DVFS）、动态电源功率管理（DPM）等技术得到了广泛的研究和部署。但上述技术并没有让设备休眠或断电，因为服务器即使空闲也会消耗大约三分之二的峰值功耗，所以它们的效果非常有限[7]。

因为数据中心的工作负载每周（在某些情况下每小时）都会波动，所以通常的做法是过度配置计算和通信资源以适应峰值负载。然而，数据中心资源的平均负载率仅占30%[8]，如果能让剩余70%的资源在大部分时间内进入睡眠模式，那么这将是最优的优化结果。实现这一目标需要使用中央协调和能量感知的工作负载调度技术。典型的能量感知调度解决方案有：①将工作负载集中在计算资源的最小集合中；②最大化可以进入睡眠模式的资源量[9]。

有关能量效率的最新研究集中于单体处理部件的优化。早期研究指出，总计算能量的30%以上被通信链路、交换和聚合部件消耗。与处理部件的情况类似，网络的能量消耗也可以通过按比例降低通信速度，或者通过降低收发器和开关元件的输入电压以及工作频率而减少[10]。虽然给网络降速有效，但应当在满足应用需求的前提下进行，否则降速可能导致通信成为瓶颈，进而限制整体系统性能。许多研究表明，简单的数据中心架构优化和能量感知调度可能会获得显著的能量节约，如参考文献[11]中介绍的通过流量管理和工作负载整合技术，可以实现高达75%的能量节省。

在本章中，我们将综述器件和系统级别的节能技术。在能效优化方面，我们同时关注计算和通信架构，在系统层次提出了网络状态感知的节能调度解决方案，并提出了名为GreenCloud的模拟环境，它基于分组级网络仿真器NS-2[12]开发，用于开展云计算数据中心环境下的能源感知研究。与少数现有的云计算模拟器如CloudSim[13]或MDCSim[14]不同，GreenCloud以全新的方式提取、聚合并提供有关数据中心中计算和通信的能量消耗信息。需要强调的是，它特别关注捕获当前和未来数据中心的通信模式。

4.2 能效数据中心仿真

在本节中，我们介绍高能效数据中心的主要设计元素，综述最典型的架构，并对数据中心各个组件的节能技术进行介绍。

4.2.1 能效

事实上，数据中心消耗的能量中，只有一部分被直接用于服务器，主要部分被用于维持互联链路和网络设备运行，其余的能量被浪费在配电系统中，并被空调系统耗尽。因此，我们将能量消耗分为三个部分：①计算能量；②通信能量；③与数据中心物理基础设施相关的能量。

数据中心的效率可以定义为每瓦特提供的性能，具体通过以下两个指标来量化：①能源利用效率（PUE）；②数据中心基础设施效率（DCiE）[15][16]。PUE 和 DCiE 都描述了被计算服务器所消耗的能量比例。

4.2.2 数据中心架构

由服务器主机和交换机构成的三层树形结构，是当前最广泛使用的数据中心架构[17]。如图 4.1 所示，它由树根部的核心层、负责路由的汇聚层和承载计算服务器（或主机）池的接入层组成。早期的数据中心使用没有汇聚层的双层体系结构。然而，根据所使用的交换机类型和单台主机带宽需求，双层架构的数据中心通常仅支持不超过 5000 台主机。考虑到当今数据中心的服务器池大约包含 100000 台主机[11]，并且需要在接入网络中保留二层交换机，因此三层架构设计成为最合适的选择。

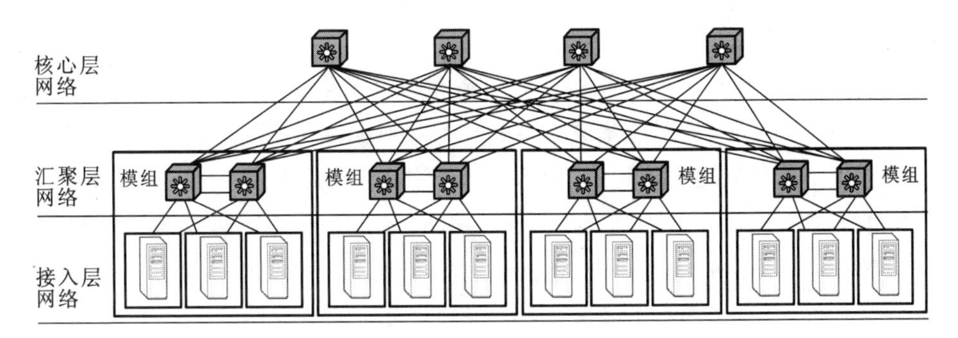

图 4.1　三层树形结构的数据中心

尽管万兆以太网（10GE）收发器已经商用，但在三层架构中，计算服务器（组织成机架形式）仍使用 1GE 链路互联，这是因为 10GE 收发器价格昂贵，并且提供的带宽可能超过了连接计算服务器的实际所需。当前的数据中心往往通过廉价的架顶（ToR）交换机实现机架间互联。典型的 ToR 交换机拥有 2 个 10GE 上行链路和 48 个 1GE 下行链路，下行链路用于互联机架中的计算服务器。交换机的下行链路和上行链路容量之间的差异定义了其收敛比

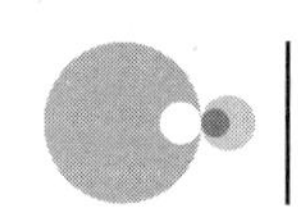

(oversubscription ratio),在上述情况下其收敛比等于 48/20=2.4∶1。因此,在全负载情况下,单服务器的 1GE 链路平均只能分配到 416 Mb/s 的上行带宽。

从较高的层次看,机架被布置在模组(module)中(见图 4.1),模组内采用一对汇聚交换机实现对内和对外的连接。这些汇聚交换机的典型收敛比大约是 1.5∶1,这将各个计算服务器的平均上行可用带宽进一步降低到 277 Mb/s。

核心层网络和汇聚层网络之间使用多路径路由技术实现负载分担,如等价多路径路由(ECMP)[18]。ECMP 技术执行逐流的负载均衡,它根据输入的分组报头内容进行散列(Hash),然后根据散列结果将流部署在不同路径。对于三层架构,可允许 ECMP 路径的最大数量将核心交换机的总数限制为 8,也限制了到达汇聚交换机的有效带宽,这一限制随着 2010 年 6 月标准化的 100GE 链路的(商业)可用性而解除[19]。

但是,未来数据中心架构将如何演进?其中最有前途的趋势是遵循模块化设计。传统的服务器机架将被替换为标准的集装箱,它可以在相同体积内托管 10 倍于传统数据中心的服务器[20]。每个集装箱都针对功耗进行了优化,它集成了水冷及风冷系统,并实现了优化的网络解决方案。这些集装箱易于运输,可以在未来的无屋顶数据中心设施中成为即插即用模块[21]。它们当前的 PUE 大约为 1.2[22],而行业的平均 PUE 在 1.8 和 2.0 之间[1]。也有些人提出质疑,主要涉及单个组件故障的问题和将整个集装箱运回制造商的开销问题。事实上,这可以通过集成更多的服务器到设备齐全的集装箱中来解决,而且它不需要任何运行维护[23]。当单个组件发生故障时,整个集装箱可以在计算能力只有轻微降低的情况下继续工作。为了使其成为现实,每个集装箱以及数据中心本身应遵循分布式设计方法,但目前的数据中心架构是完全层次化的。例如,机架交换机的故障可能导致机架中所有服务器无法工作,核心或汇聚交换机的故障可能导致运行效率下降,甚至导致大量机架无法使用。因此,在未来的数据中心中,胖树架构将被分布式方法替代,如 DCell[24]、BCube[25]、FiConn[26]或 DPillar[27]。

4.2.3 模拟器架构

本小节将介绍 GreenCloud 模拟器,它基于网络模拟器 NS-2[12]开发,提供了对当前云计算环境的细粒度模拟,重点关注数据中心的通信和能效。GreenCloud 模拟器为用户提供了数据中心各组件(如服务器、交换机和链路)

所消耗能量的细粒度建模,同时可以充分地呈现工作负载的分布情况。此外,该模拟器聚焦在数据中心通信的分组级(packet-level)模拟,因而能提供最细粒度的控制,这是其他云计算模拟器所不支持的。参考文献[28]介绍了GreenCloud 模拟器的更多细节,图 4.2 展示了映射到三层数据中心架构上的GreenCloud 结构。

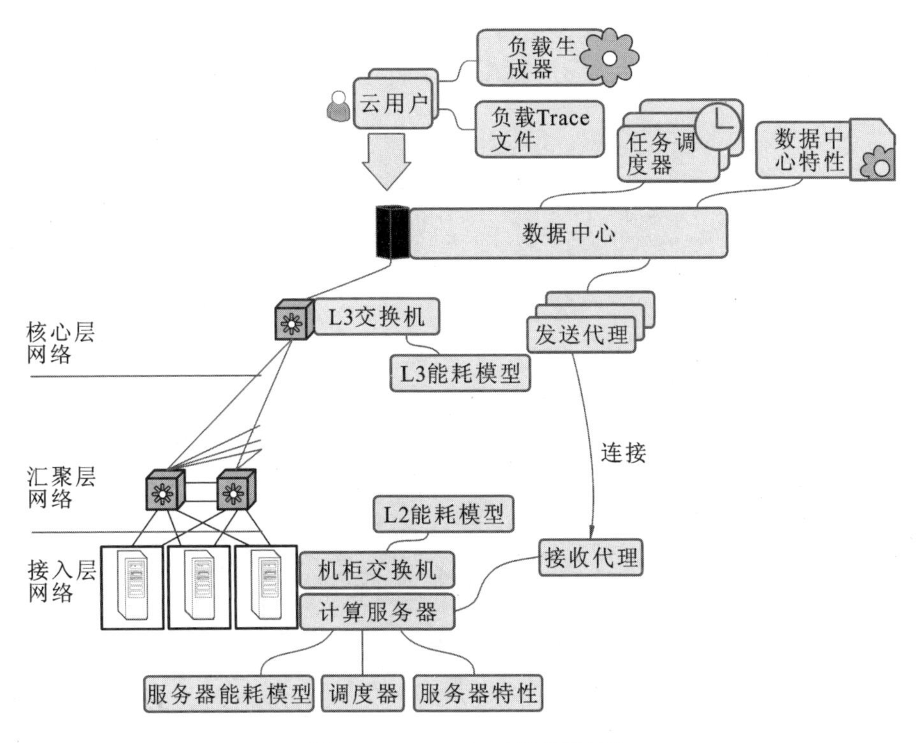

图 4.2　GreenCloud 模拟器架构

4.2.4　硬件部件及能耗模型

计算服务器是数据中心内负责任务执行的主要部分。GreenCloud 中的服务器被建模为:以 MIPS(每秒百万条指令)或 FLOPS(每秒浮点运算)标定的处理能力,一定的内存/存储资源以及各种任务调度机制涵盖了从简单的Round Robin 到复杂的 DVFS 和 DNS 方法。

服务器被部署到具有 ToR 交换机的机架中,通过 ToR 交换机接入网络。服务器遵循的功率模型取决于 CPU 利用率,但根据参考文献[2]和[7]的分析,空闲服务器的功耗约为其峰值负载功耗的 2/3,这是因为服务器必须不间断地管理内存模块、磁盘、I/O 资源和其他外设。此外,计算功耗随着 CPU 负

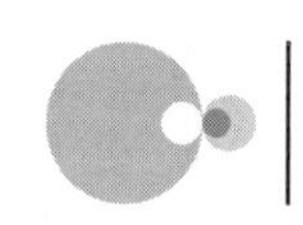

载线性增加。基于上述建模，我们就可以实现一种集中式调度器，通过为计算负载分配所需的最小服务器集合来实现节能。

电源管理采用动态电压及频率调节(DVFS)[10]方式，用于实现计算性能和服务器能耗之间的权衡。DVFS基于以下事实：芯片中的开关功率与$V^2 \times f$成比例地减小，其中V是电压，f是开关频率，降低电压时也会伴随频率降挡，这意味着CPU功耗与f成三次方关系。此外，服务器其他部件(如总线、内存和磁盘)功耗与CPU频率无关，因此服务器的平均功耗(见图4.3)可以表示如下[29]：

$$P = P_{\text{fixed}} + P_f \times f^3 \tag{4.1}$$

式中：P_{fixed}是功耗中不随CPU频率f变化的部分，而P_f是与频率相关的CPU功耗。

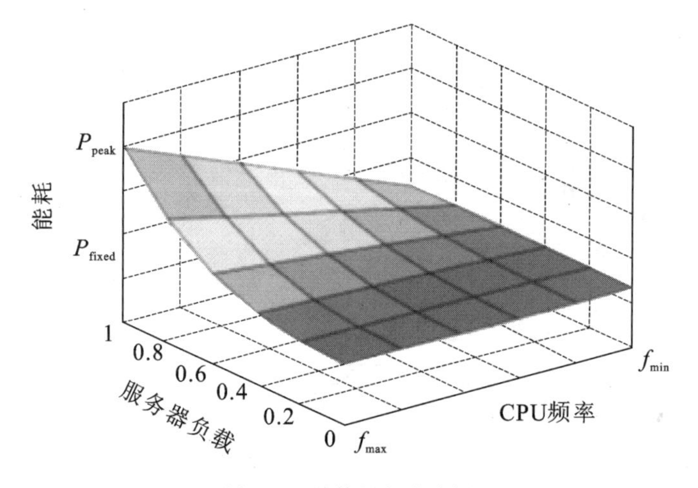

图4.3　计算服务器功耗

网络交换机和链路组成的互联架构负责将数据及时发送到任何计算服务器。交换机间、交换机和服务器间的互联方案取决于支持的带宽、链路的物理和质量特性。给定电缆的信号传输质量就决定了传输速率和链路距离之间的折中，这也是限定收发器成本和能耗的因素。

双绞线是以太网最常用的介质，能支持长达100 m的千兆以太网(GE)传输，收发器功耗约为0.4 W，或者最长30 m的10GE链路，收发器功率为6 W。双绞线布线是一种低成本解决方案，但对于10GE链路，通常使用多模光纤。一方面，多模光纤允许传输距离长达300 m，收发器功率为1 W[30]；另一方面，多模光纤的成本几乎是双绞线成本的 50 倍，这使得 10GE 链路往往被限制使用在核心层网络和汇聚层网络中，毕竟网络基础设施的支出占总体数据中心预算的 10%～20%[31]。

数据中心架构决定了所需部署的交换机的数量。由于计算服务器通常被布置在机架中，因此数据中心中最常见的交换机是 ToR 交换机。ToR 交换机通常放置在机架单元(1RU)的顶部单元，以减少电缆数量和产生的热量。ToR 交换机可以支持千兆以太网(GE)或万兆以太网(10GE)速率，但鉴于 10GE 交换机的价格较高，同时考虑到汇聚层网络和核心层网络容量的限制，机架使用 GE 链路更常见。

与服务器类似，早期的互联网络功率优化是基于 DVS 链路的方案[10]。DVS 在交换机的每个端口引入了控制单元，它根据业务通信模式和链路利用率对发送速率进行调整，但出于兼容性考虑目前只有很少的标准链路传输速率可供选择，如对于 GE 链路，仅有 10 Mb/s、100 Mb/s 和 1 Gb/s 三种速率。

DVS 链路的能力很有限，因为它只涉及随链路速率线性变化的部分，这部分仅占整个网络功耗的一小部分(3%～15%)。参考文献[32]中的实验证明，交换机及其所有收发器所消耗的能量可以定义为：

$$P_{\text{switch}} = P_{\text{chassis}} + n_{\text{linecard}} \times P_{\text{linecard}} + \sum_{i=0}^{R} n_{\text{ports},r} \times P_r \tag{4.2}$$

式中：P_{chassis}是交换机中基础硬件(电源、散热等)消耗的功率；P_{linecard}是网络线卡所消耗的功率；P_r是当前收发速率 r 的端口(收发器)所消耗的功率。

在式(4.2)中，只有最后一个分量似乎取决于链路速率，而其他分量(如 P_{chassis}和 P_{linecard})在交换机运行的所有时间内保持不变，可以通过关闭交换机硬件或将其置于睡眠模式来避免能量消耗。

4.2.5 作业和工作负载

工作负载是为各种云服务进行通用建模而设计的对象。在网格计算中，通常把作业序列作为工作负载的模型，而每个作业序列被划分为一组任务(tasks)。它在任务间既可以是相互依赖的，也可以是相互独立的。所谓依赖是指一个任务需要来自其他任务的输出才能执行。此外，由于网格计算应用(生物、金融或气候建模)的性质，可用的作业数量超过可用的计算资源数量，这些作业可能需要几周或几个月来完成，也有个别作业没有严格的完成期限，但我们的主要目标是最小化所有作业所需的时间。

在云计算中，任务请求通常由诸如 Web 浏览、即时消息传送或各种内容传送的应用生成。这些工作往往更独立，计算量更小，但在 SLA 中规定了严格的完成期限。为了覆盖绝大多数云计算应用程序，我们定义了三种类型的作业：

● 计算密集型工作负载（computationally intensive workload，CIW）旨在模拟求解高级计算问题的高性能计算（HPC）应用程序。CIW 需要大量使用计算服务器，但是几乎没有数据在数据中心的互联网络中传输。对 CIW 的节能调度，应关注服务器的功耗占用，尝试使用最小的服务器集合进行计算，使用最小的路由器集合来传输数据。由于其数据传输的要求较低，没有网络拥塞的危险，因此可以将大多数交换机置于睡眠模式，以确保数据中心网络达到最低功率。

● 数据密集型工作负载（data-intensive workload，DIW）在计算服务器上几乎不产生负载，但需要大量的数据传输。DIW 旨在模拟诸如视频文件共享的应用，其中每个简单的用户请求都会引发视频流传输。因此，网络互联能力而不是计算能力成为 DIW 数据中心的瓶颈。理想情况下，网络交换机应该连续反馈状态信息到中央工作负载调度器。基于这样的反馈，调度器就能够在进行工作负载分配时考虑通信链路的当前拥塞状况。它将避免在拥塞的链路上发送工作负载，即使某些服务器的空闲计算能力是足够的。这样的调度策略将平衡数据中心网络中的流量，并减少任务从核心交换机传送到计算服务器所需的平均时间。

● 均衡型工作负载（balanced workload，BW）旨在对同时具有计算和数据传输要求的应用程序建模。BW 作业会按比例加载计算服务器和通信链路。对于这种类型的工作负载，服务器上的平均负载与数据中心网络的平均负载成正比。BW 可以用来建模类似地理信息系统（GIS）的应用，GIS 既需要大量的图形数据传输，也需要大量的计算处理。因此，BW 的调度应同时考虑到服务器的负载和互联网络的负载。

每个工作负载对象的执行依赖于两个主要组件，即计算和通信的成功完成。计算部分定义了在给定最后期限之前必须执行的计算量。设定最后期限的目的在于设定 SLA 中规定的服务质量（QoS）约束。而通信部分定义了在工作负载执行前、执行中和执行后必须进行的数据传输量，它由三部分组成：①工作负载数量大小；②数据中心内通信数据量大小；③数据中心外通信数据量大小。其中，工作负载数据量的大小是指在工作负载执行之前，需要从核心交换机传送到计算服务器的被划分为 IP 分组之后的字节数；数据中心外通信数据量的大小是指在任务完成时需要在数据中心网络外部传输的数据量，其与任务执行结果相对应；数据中心内通信数据量的大小是指与另一工作负载（可在相同或不同服务器上执行）交换的数据量。这样就完成了工作负载间的相互依赖性建模。事实上，数据中心的内部通信可以占数据传输总量的 70%[11]。

图 4.4 所示的是在实现 DVFS 和 DNS 技术的数据中心中运行不同类型工作负载的能耗。针对相互依赖的工作负载，其有效的优化方法是在调度时分析工作负载通信需求，然后根据负载间耦合关系，协同工作负载的部署，这也称为协同调度法。协同调度法可以减少通信所涉及的链路/交换机数量。

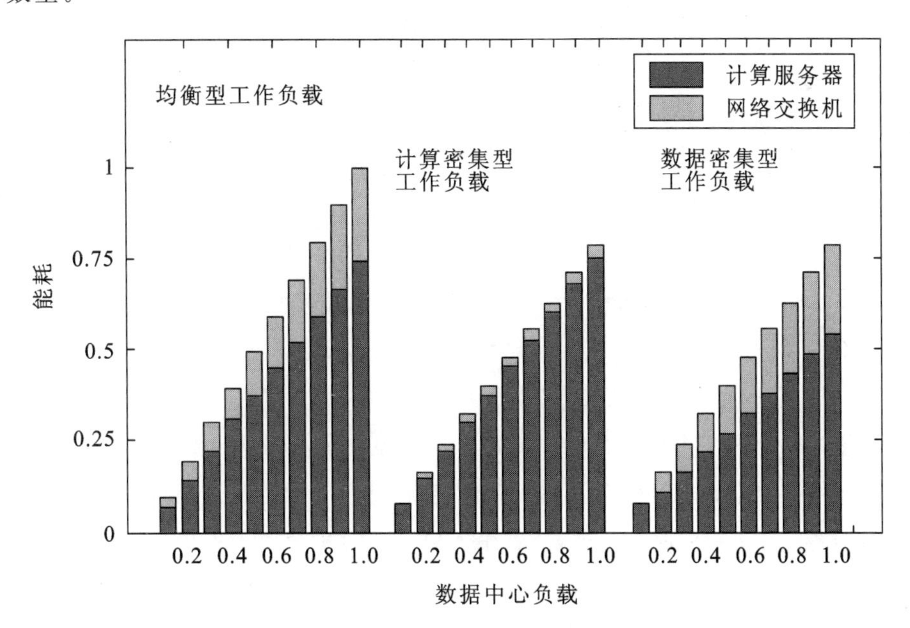

图 4.4　不同类型负载的能耗

图 4.5 所示的为通过仿真获得的数据中心组件之间的典型能耗分布。

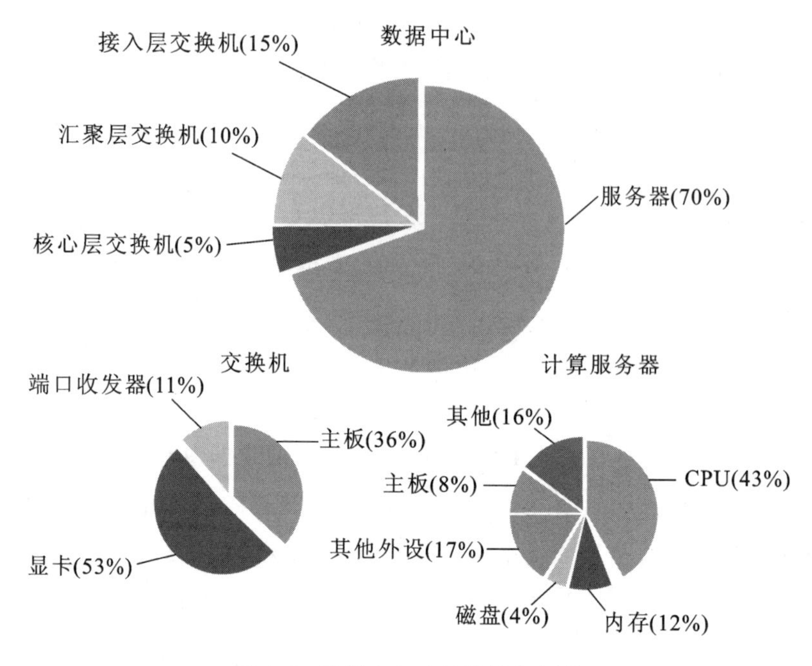

图 4.5　数据中心中的能耗分布图

4.3　面向能效的调度

4.3.1　网络拥塞

作为数据中心网络，就需要秉承由以太网介质来承载各种类型流量(LAN、SAN 或 IPC)的理念[33]。一方面，以太网技术成熟，易于部署，并且管理相对简单，但另一方面，以太网硬件性能不足，仅提供小的缓存能力。以太网中的典型缓存区大小是 100 KB 量级，而互联网路由器的典型缓存器大小是 100 MB 量级[34]。小缓存区和高带宽流量是导致网络拥塞的主要原因。

任何数据中心交换机都可能在上行链路方向、下行链路方向或两个方向上发生拥塞。在下行链路方向上，当各个入口链路容量超出了各个出口链路容量时，就会发生拥塞。而在上行链路方向上，带宽不匹配主要由带宽收敛比决定，拥塞会在所有服务器端口的聚合带宽超过了交换机的总上行链路容量时发生。

拥塞(或热点)可能严重影响数据中心网络传输数据的能力。目前，the Data Center Bridging Task Group(IEEE 802.1)[35]制定了二层的拥塞控制解决方案，称为 IEEE 802.1Qau 规范。IEEE 802.1Qau 规范在数据中心交换机之间引入了用于拥塞通知的反馈环路,它允许过载的交换机使用拥塞通知信号来阻止高负载的发送端继续发送数据。这种技术可以避免拥塞导致的丢包,并保持数据中心网络的高利用率。然而它没有从根本上解决问题,通过数据密集型任务的合理部署,使它们避免共享公共通信路径的方式将更有效率。例如,为了充分发挥三层架构的空间隔离特性(见图 4.1),数据密集型任务必须按照其通信需求按比例分布在计算服务器中。这里所说的数据密集型任务,类似于视频共享应用的任务,在产生发往终端用户的恒定比特流的同时,也会与数据中心内运行的其他作业进行通信。然而,这种按通信比例分布式部署的方法与高能效调度的目标相矛盾,因为高能效调度的目标是以最小的服务器集合和最小的通信资源集合来承载所有的工作负载。因此,能效、数据中心网络拥塞和单个作业的性能,这三者间的设计折中需要由随后部分的统一调度标准来解决。

4.3.2 DENS 方法学

所谓 DENS 方法,就是基于数据中心组件的负载水平和通信潜力,为任务的执行选择最佳的计算资源,来实现数据中心总体能耗最小化的方法。通信潜力是数据中心架构提供给各个服务器或服务器组的端到端带宽容量。与传统将数据中心建模为同构服务器计算资源池的方法[36]相反,DENS 方法提出了与主流数据中心拓扑一致的分层模型。对于三层数据中心,DENS 度量 M 被定义为服务器级别的函数 f_s、机架级别的函数 f_r 和模组级别的函数 f_m 的加权组合:

$$M=\alpha\times f_s+\beta\times f_r+\gamma\times f_m \tag{4.3}$$

其中 α、β 和 γ 是相应组件(服务器、机架、模组)影响评价指标的加权系数。较高的 α 值有利于在轻负载机架中选择高负载服务器。较高的 β 值将优先考虑具有低网络负载的计算机架。较高的 γ 值有利于选择轻载的模组,γ 参数是数据中心任务整合的重要设计变量。考虑到 $\alpha+\beta+\gamma$ 必须等于 1,所以我们试着选择 $\alpha=0.7$,$\beta=0.2$ 和 $\gamma=0.1$,这是评估三层数据中心拓扑的一种平衡的选择,选择过程的细节在参考文献[37]中给出。

服务器负载 $L_s(l)$ 及其通信潜力 $Q_r(q)$ 的组合构成挑选服务器的主要依据,这种组合关系可以用公式(4.4)来表示,其中 $Q_r(q)$ 与服务器按照公平共享原则在 ToR 交换机上行链路中所占的带宽相关:

$$f_s(l,q)=L_s(l)\times\frac{Q_r(q)^{\varphi}}{\delta_r} \tag{4.4}$$

式中：$L_s(l)$这个因子取决于服务器 l 的负载；$Q_r(q)$通过分析交换机输出队列 q 中的拥塞状况来定义在机架上行链路处的负载；δ_r是 ToR 交换机处的带宽过度配置因子(over provisioning factor)；φ 是定义度量指标中 $L_s(l)$和 $Q_r(q)$之间的比例的系数。

假设 $L_s(l)$和 $Q_r(q)$必须在[0,1]范围内，那么较高的 φ 值将降低业务相关分量 $Q_r(q)$的重要性。与公式(4.4)定义的服务器情况类似，影响机架和模组的因素可以表示为：

$$f_r(l,q)=L_r(l)\times\frac{Q_m(q)^{\varphi}}{\delta_m}=\frac{Q_m(q)^{\varphi}}{\delta_m}\times\frac{1}{n}\sum_{i=1}^{n}L_s(l) \tag{4.5}$$

$$f_m(l)=L_m(l)=\frac{1}{k}\sum_{j=0}^{k}L_r(l) \tag{4.6}$$

式中：$L_s(l)$是机架负载，它是机架内所有服务器负载的归一化总和；$L_m(l)$是模组负载，它是模组内所有机架负载的归一化总和；n 和 k 分别是机架内的服务器数量和模组内的机架数量；$Q_m(q)$与模组入口交换机上的流量负载成正比；δ_m是模组交换机上的带宽过度配置因子。

需要注意的是，模组级因子 f_m仅包括一个与负载相关的组件 l，这是由于所有模组都连接到相同的核心交换机，并且通过使用 ECMP 多路径均衡技术获取相同的带宽。

空闲服务器消耗的能量几乎是其峰值消耗能量的三分之二[7]，这表明一个高能效的调度程序必须以尽可能小的服务器集合整合数据中心作业。但是服务器在峰值负载持续运行可能会降低硬件的可靠性，进而影响作业的完成时间[38]。为了解决上述问题，我们将 DENS 负载因子定义为两个 Sigmoid 函数之和：

$$L_s(l)=\frac{1}{1+e^{-10\left(l-\frac{1}{2}\right)}}-\frac{1}{1+e^{-\frac{10}{\varepsilon}\left[l-\left(1-\frac{\varepsilon}{2}\right)\right]}} \tag{4.7}$$

式(4.7)的第一个部分定义了主 Sigmoid 的形状，而第二个部分是一个惩罚函数，旨在使得最大服务器负载值收敛(见图 4.6)。参数 ε 定义了下降部分曲线的范围和斜率。服务器的负载 l 在[0,1]范围内。对于具有确定性计算负载的任务，可以将服务器负载计算为所有正在运行任务的计算负载之和。或者，对于具有预定义完成时限的任务，服务器负载 l 可以表示为服务器及时完成所有任务所需的最小计算资源量。

机架内的所有服务器通过共享一个 ToR 交换机实现上行链路通信。然而，在千兆速率下，明确一个服务器或者一个流到底占用了上行链路通信中的

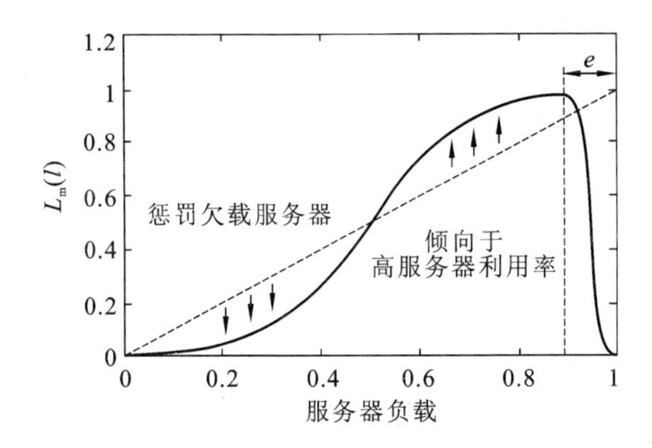

图 4.6　根据 DENS 标准选择服务器

多大比例，是一个计算量很大的任务。为了避免这个问题，公式(4.4)和公式(4.5)包含了一个与交换机输出队列 $Q(q)$ 占用率有关的分量，该分量同时随带宽过度配置因子 δ 的变化而变化。占用率 q 并不依赖于队列的绝对大小，而是随着队列总大小 $Q_{\max}$ 的变化而变化，其取值范围为[0,1]，0 和 1 分别对应了队列空和满的状态。通过引入队列占用率这个分量，DENS 度量就可以对机架或模组中的拥塞变化，而不是对传输速率变化做出反应。为了满足上述行为，$Q(q)$ 使用逆 Weibull 累积分布函数来定义：

$$Q(q)=\mathrm{e}^{-\left(\frac{2q}{Q_{\max}}\right)^2} \tag{4.8}$$

如图 4.7 所示，使用 $Q(q)$ 就可以倾向选择空队列，惩罚重载队列。当拥塞水平较低时，通过使用公式(4.4)和公式(4.5)中的带宽过度配置因子 δ，可以更好地支持上行链路和下行链路带宽容量的对称性。然而，随着拥塞程度上升和缓存的溢出，带宽失配变得不可测量。

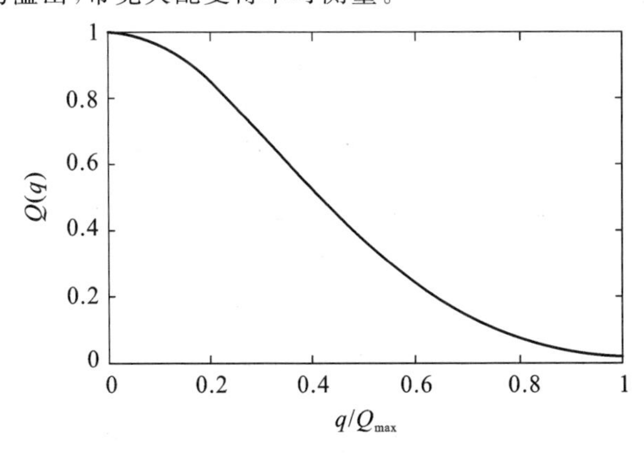

图 4.7　基于 DENS 指标的队列选择

根据公式(4.4)的定义,图 4.8 给出了 $f_s(l,q)$ 相对服务器负载 l 和队列负载 q 的量化曲面,这个钟形函数会倾向于选择位于最小或没有拥塞的机架中,且高于平均负载水平的服务器。关于 DENS 度量及其在不同操作情况下的性能的更多细节请参阅参考文献[37]。

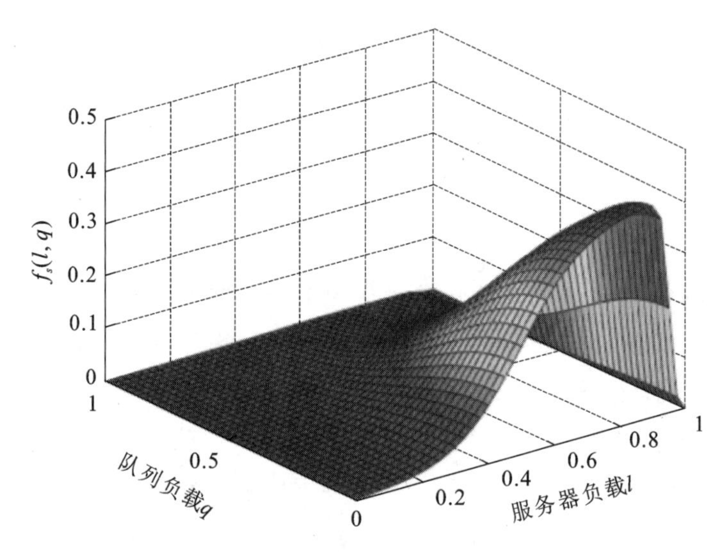

图 4.8　基于 DENS 指标,依据负载和通信潜力进行服务器选择

4.4　结论

云计算产业蓬勃发展,数据中心的构建成本和运营成本越来越受到关注。能效的挑战使得数据中心在保持性能的同时,还要降低能耗水平。这不仅可以显著降低运维 IT 设备和冷却的成本,还有利于提高服务器密度,扩大现有数据中心设施的容量。

为了理解功耗优化的空间,我们探索了计算服务器、网络交换机和通信链路的能耗模型。然后在组件和系统级别研究了提高能量效率的关键技术,如 DVFS 或动态关闭。分析结果证明,要想达到令人满意的优化水平,就需要使用集中协调和调度的方法。其中所谓的协调,需要将传统的调度方法与通信设备的状态、网络流量特征相结合。此外,还必须考虑工作负载的特性。我们仍在不断完善拓展 GreenCloud 模拟器和目前所提出的能源感知调度方法,以涵盖包括地理分布式数据中心和可再生能源的场景。

参考文献

[1] Brown R, Chan P, Eto J, Jarvis S, Koomey J, Masanet E, Nordman B, Sartor D, Shehabi A, Stanley J, Tschudi B (2007) Report to congress on server and data center energy efficiency: Public law 109—431. Lawrence Berkeley National Laboratory. 1—130. Available at http://www.energystar.gov/ia/partners/prod_development/downloads/EPA_Datacenter_Report_Congress_Final1.pdf

[2] Fan X, Weber W-D, Barroso LA (2007) Power provisioning for a warehouse-sized computer. In: ACM international symposium on computer architecture, San Diego, CA, June 2007

[3] Raghavendra R, Ranganathan P, Talwar V, Wang Z, Zhu X (2008) No "Power" struggles: coordinated multi-level power management for the data center. In: SIGOPS Oper. Syst. Rev. 42(2): 48—59

[4] Gartner Group. Available at: http://www.gartner.com/, Accessed Aug 2012

[5] Moore J, Chase J, Ranganathan P, Sharma R (2005) Making scheduling "Cool": temperature aware workload placement in data centers. In: USENIX annual technical conference (ATEC'05). USENIX Association, Berkeley, CA, USA, pp 5

[6] Horvath T, Abdelzaher T, Skadron K, Liu X (2007) Dynamic voltage scaling in multitier web servers with end-to-end delay control. IEEE Trans Comp 56(4): 444—458

[7] Chen G, He W, Liu J, Nath S, Rigas L, Xiao L, Zhao F (2008) Energy-aware server provisioning and load dispatching for connection-intensive internet services. In: The 5th USENIX symposium on networked systems design and implementation, Berkeley, CA, USA

[8] Liu J, Zhao F, Liu X, He W (2009) Challenges towards elastic power management in internet data centers. In: Proceedings of the 2nd international workshop on cyber-physical systems (WCPS 2009), in conjunction with ICDCS 2009, Montreal, QC, Canada, June 2009

[9] Li B, Li J, Huai J, Wo T, Li Q, Zhong L (2009) EnaCloud: An energy-saving application live placement approach for cloud computing environments. In:

IEEE international conference on cloud computing, Bangalore, India

[10] Shang L, Peh L-S, Jha NK (2003) Dynamic voltage scaling with links for power optimization of interconnection networks. In: Proceedings of the 9th international symposium on high performance computer architecture (HPCA'03). IEEE Computer Society, Washington, DC, USA, pp 91—102.

[11] Mahadevan P, Sharma P, Banerjee S, Ranganathan P (2009) Energy aware network operations. In: Proceedings of the 28th IEEE international conference on Computer Communications Workshops (INFOCOM'09). IEEE Press, Piscataway, NJ, USA, pp 25—30.

[12] The Network Simulator NS-2. Available at: http://www. isi. edu/nsnam/ns/, Accessed Aug 2012

[13] Buyya R, Ranjan R, Calheiros RN (2009) Modeling and simulation of scalable cloud computing environments and the CloudSim toolkit: challenges and opportunities. In: Proceedings of the 7th high performance computing and simulation conference, Leipzig, Germany

[14] Lim S-H, Sharma B, Nam G, Kim EK, Das CR (2009) MDCSim: a multi-tier data center simulation, platform. In: IEEE international conference on cluster computing and workshops (CLUSTER). pp 1—9

[15] Rawson A, Pfleuger J, Cader T (2008) Green grid data center power efficiency metrics: PUE and DCIE. The Green Grid White Paper #6

[16] Wang L, Khan SU (2011) Review of performance metrics for green data centers: a taxonomy study. The Journal of Supercomputing. Springer US, pp 1—18

[17] Cisco Data Center Infrastructure 2. 5 Design Guide (2010) Cisco press, March 2010

[18] Thaler D, Hopps C (2000) Multipath issues in unicast and multicast nexthop selection. Internet Engineering Task Force. Request for Comments 2991, November 2000. Available at http://tools. ietf. org/html/rfc2991

[19] IEEE standard for information technology—telecommunications and information exchange between systems—local and metropolitan area networks—specific requirements Part 3: Carrier Sense Multiple Access

with Collision Detection (CSMA/CD) Access Method and Physical Layer Specifications Amendment 4: Media Access Control Parameters, Physical Layers and Management Parameters for 40 Gb/s and 100 Gb/s Operation, IEEE Std 802. 3ba-2010 (2010) (Amendment to IEEE Standard 802. 3-2008), pp 1—457

[20] Christesen S Data center containers. Available at http://www. datacentermap. com/blog/datacenter-container-55. html. , Accessed Aug 2012

[21] Katz RH (2009) Tech Titans building boom. IEEE Spectrum 46(2): 40—54

[22] Worthen B (2011) Data centers boom. Wall Street Journal. Available at http://online. wsj. com/article/SB10001424052748704336504576259180354987332. html

[23] Next generation data center infrastructure. CGI White Paper, 2010

[24] Guo C, Wu H, Tan K, Shiy L, Zhang Y, Luz S (2008) DCell: a scalable and fault-tolerant network structure for data centers. In: ACM SIGCOMM, Seattle, Washington, DC, USA

[25] Guo C, Lu G, Li D, Wu H, Zhang X, Shi1 Y, Tian C, Zhang1 Y, Lu S (2009) BCube: a high performance, server-centric network architecture for modular data centers. In: ACM SIGCOMM, Barcelona, Spain, 2009

[26] Li D, Guo C, Wu H, Tan K, Zhang Y, Lu S (2009) FiConn: using backup port for server interconnection in data centers. In: IEEE INFOCOM 2009, pp 2276—2285

[27] Liao Y, Yin D, Gao L (2010) DPillar: scalable dual-port server interconnection for data center networks. In: 2010 Proceedings of 19th International Conference on computer communications and networks (ICCCN), pp 1—6

[28] Kliazovich D, Bouvry P, Khan SU (2010) GreenCloud: a packet-level simulator of energy aware cloud computing data centers. The Journal of Supercomputing. pp 1—21

[29] Chen Y, Das A, Qin W, Sivasubramaniam A, Wang Q, Gautam N (2005) Managing server energy and operational costs in hosting centers. In: Proceedings of the ACM SIGMETRICS international conference on Measurement and

modeling of computer systems. ACM, New York, pp 303—314

[30] Farrington N, Rubow E, Vahdat A (2009) Data center switch architecture in the age of merchant silicon. In: Proceedings of the 17th IEEE symposium on high performance interconnects (HOTI, 09). IEEE Computer Society, Washington, DC, USA, pp 93—102

[31] Greenberg A, Lahiri P, Maltz DA, Patel P, Sengupta S (2008) Towards a next generation data center architecture: scalability and commoditization. In: Proceedings of the ACM workshop on programmable routers for extensible services of tomorrow, Seattle, WA , USA

[32] Mahadevan P, Sharma P, Banerjee S, Ranganathan P (2009) A power benchmarking framework for network devices. In: Proceedings of the 8th international IFIP-TC 6 networking conference, Aachen, Germany 2009

[33] Garrison S, Oliva V, Lee G, Hays R (2008) Data center bridging, Ethernet Alliance. Available at http://www. ethernetalliance. org/wp-content/uploads/2011/10/Data-Center-Bridging1. pdf

[34] Alizadeh M, Atikoglu B, Kabbani A, Lakshmikantha A, Pan R, Prabhakar B, Seaman M (2008) Data center transport mechanisms: Congestion control theory and IEEE standardization. In: Annual Allerton conference on communication, control, and computing, pp 1270—1277.

[35] IEEE 802. 1 Data Center Bridging Task Group. Available at: http://www. ieee802. org/1/pages/dcbridges. html, Accessed Aug 2012

[36] Song Y, Wang H, Li Y, Feng B, Sun Y (2009) Multi-tiered on-demand resource scheduling for VM-based data center. In: IEEE/ACM international symposium on cluster computing and the grid (CCGRID), pp 148—155

[37] Kliazovich D, Bouvry P, Khan SU (2011) DENS: Data center energy-efficient network-aware scheduling. Cluster Computing, Springer US, pp 1—11.

[38] Kopparapu C (2002) Load balancing servers, firewalls, and caches. Wiley, New York

第Ⅲ部分

光互联架构

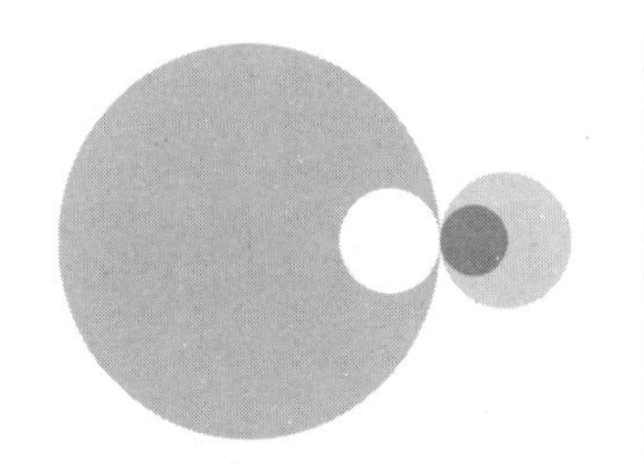

第5章 未来数据中心网络中的光子学应用

5.1 引言

过去的10年间,我们的计算和信息基础设施发生了根本性的变化。除了近似指数增长的数据需求外,同时出现一些全新的驱动因素。互联网的覆盖范围和通信带宽快速增长,而且其增长速度被无处不在并且触手可及的蜂窝移动通信网进一步放大。对大多数人而言,当前最为常见的信息终端是移动设备,如智能手机、平板电脑及笔记本电脑等。这些设备本身就有诸多用途,而现在它们都无一例外地接入互联网中,这就更加催生出种类繁多的以信息共享为中心的网络应用,如流媒体、社交网站、卫星地图和云计算等。甚至"Google"这个词已经不单单指的是一家公司,而通常被用作一个动词,指的是快速地搜索海量数据并返回给用户最希望得到的结果。

这些变化事实上同时出现在公司层面和消费者层面。购物不再局限在实体店,而是可以通过互联网在任何地方完成。各个销售点的交易数据,不论是发生在互联网上还是在传统商店,都可以被追踪和分析,分析结果有助于商家预测目标客户和开发新产品与服务。属于大公司的此类数据是海量的,因此,为了处理这些数据并获得商业利益需要惊人的计算能力、存储容量和通信带宽。

上述需求使大量的处理和存储操作从终端转移到功能更强大的集中式计算和存储仓库,这就是数据中心。由于大规模集中部署的成本优势,数据中心的大量建设才刚刚拉开序幕并将持续。我们在本章所用术语“数据中心”比较宽泛,不考虑其规模和所包含设备的巨大差异。高端应用方面,高性能计算使用最快、最强大的设备;低端应用方面,企业私有数据中心很难界定,有的使用高性能设备,有的使用低性能设备,也有高低性能设备搭配使用;中间地带更加难界定,因为这些数据中心对成本非常敏感,因此会选用价格合算的设备来服务比高性能计算系统和企业私有数据中心更加广大的客户群体。从规模上来说,中间地带的数据中心规模等同甚至超过高性能计算系统,如谷歌(Google)、雅虎(Yahoo)、推特(Twitter)和脸书(Facebook)的仓库式数据中心。

每一类数据中心都需要针对一些特定指标进行优化。对于超级计算机而言,一切都以实现高性能为目标,这就不仅仅需要提高计算能力,同时也要提升网络的互联能力:传输时延最小化,传输带宽最大化。商用仓库式数据中心则更加关注系统可用性和单位吞吐量成本而非单纯地追求高性能,因为此类数据中心需要处理海量的并发请求。值得注意的是,在处理这些请求时服务器会呈现出独特的计算与通信比,因为每个请求都可能涉及大量数据的传输,相比之下计算需求较小。可以得出一个结论,任何一个仓库式数据中心都需要大规模的数据通信、计算或者两者都需要。其他人的研究也同样支持这个观点。Astfalk[6]指出:

(1) 每从硬盘读取或者写入一个字节,需要 10 KB 的数据通过数据中心网络;

(2) 每从互联网传入或者传出数据中心一个字节,需要 1 GB 的数据通过数据中心网络;

(3) 服务器数量每年增加 7%,需要注意的是,在呈交给美国国会的环境保护报告中,这一数字为 17%,但是他们并未考虑当前系统中广泛采用的虚拟化以及随之而来的服务器整合技术;

(4) 存储需求每年增加 52%,仅 2007 年,数据中心存储容量增长就超过

5 EB,这个容量是美国国会图书馆全部数据的10000倍；

(5) 2007年的互联网流量是每月6.5 EB,预计年增长率为56%；

(6) 2007年的互联网节点数的年增长率持续为27%,考虑到智能移动终端和平板电脑的普及,这个数据可能非常保守。

从这些数据可以得出一个清晰的结论:未来需要设计更加节能的数据中心。提高数据中心网络的传输带宽和能效变得比提高处理器性能更加重要。部分原因是,由于半导体行业在工艺和构架上的持续努力,后者的进步一直在发生。而前者面临更加巨大的挑战:随着集成电路尺寸的持续减小,晶体管在面积、交换速度和功耗方面具有良好的可扩展性。但不幸的是,片上连线和片外I/O的可扩展性较差。

仓库式数据中心的建设非常昂贵,当前包括房屋、冷却系统、电力设备、网络设备、存储器和服务器等各项在内的总投资成本在1.5亿美元到10亿美元之间。各项成本的摊销时间会有所不同。房屋、冷却系统和电力设备成本摊销时间通常为10年,网络设备为4年,而服务器、存储器一般被认为有3年的生命周期。运营成本包括员工成本和功耗成本,通常3～4年的运营成本与最初的总投资摊销成本相等。

Hoelzle和Barroso[15]报告称,一个2007年建设的谷歌数据中心总功耗可以分解为以下几个部分:服务器占33%,配电和冷却系统占25%,电力设备损耗占15%和网络设备占15%,其他占12%。他们同时提到,虽然网络部分的功耗并非是最大的,但是网络系统的创新是发挥和提升数据中心能力的关键因素。我们认为,对于大规模数据中心,网络设备是关键组件,那么下一个需要解决的问题是如何为下一代数据中心提高网络性能。

从根本上讲,当前有两种传输数据的技术,即电和光。电信行业早已认识到光通信技术在长距离通信时,在速率、时延、带宽以及单位比特传输所需能量等方面具有优势。当然,有必要指出的是我们在这里所说的长距离是与速率相关的。对于电互联而言,当速率超过几个Gb/s而传输距离为几毫米甚至更长时,就会面临一系列严重的问题。其中包括:

(1) 驱动无中继的电传输所需要的功耗基本上与传输距离成正比,而传输时延与传输距离的平方成正比[14]；

(2) 通过沿路合理地增加中继设备,传输时延可以降低到与传输距离成

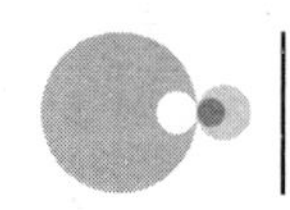

正比，但是传输功耗会大幅度提高；

(3) 高速信号的完整性是一个非常严重的问题；

(4) 封装上 I/O 引脚的数量以及单引脚调制速率的增加速度远远赶不上单位面积芯片上二极管数量的增加速度[5]，这就造成了严重的位于封装外围的通信瓶颈；

(5) 使用高速并串转换器是提高单引脚速率的一个方法，但是并串转换电路是功耗密集型电路，而且即使改善工艺也无法有效降低这种电路的功耗。

光通信则具备完全不同的性质：

(1) 由于光波导与光纤的低损耗特性，光互联的功耗主要由收发两端电/光和光/电转换的功耗组成。因此，对于数据中心范围内的通信，其功耗基本上与传输距离无关。但是，光互联存在静态闲置功耗的问题，这些问题将在随后讨论。

(2) 带宽并不严格取决于调制速率，因为可以在同一波导/光纤中使用多个波长的光，而这种波长复用技术在电域内无法实现。

(3) 信号完整性问题在光域内可以得到很大程度的改善。

显而易见，考虑到在数据中心应用中，光互联在大多数关键指标(即带宽和功耗)上都优于电互联，我们需要摒弃电互联模式而转向光互联模式。但是下这个结论至少在现阶段还为时过早，因为价格因素也是不容忽视的，而且以提升电互联性能为目标的设计者们仍在努力工作，其技术进步也不会停滞不前。全电互联的成本结构早已为我们所熟知，毕竟这种技术多年前已经成熟。光器件成本结构则相对较新，我们现在还没有与估计电器件一样的能力去准确估计光器件的未来，主要原因是大多数光器件还未在现代生产制造线上实现量产。事实上，集成器件的成本很大程度上取决于产量和生产效率。虽然所有用来支持光通信的器件已经能在实验室环境下制造并测试，但是从实验室演示到低价、高良品率的生产还有很长的路要走。

现代数据中心已经开始在长距离互联中采用光通信技术。尽管电子技术仍然是机架内通信的常规技术，但是目前数据中心的电缆正迅速被光缆取代。这些光缆在连接器中嵌入了光电和电光引擎，称为有源光缆(AOC)。相比于电缆，有源光缆更轻，具有更小的弯曲半径，而且功耗效率更高，但价格也更贵。有源光缆之所以越来越受欢迎，其主要原因是较高的资本支出(CapEx)可以由较小的运营成本(OpEx)和电费支出来抵消。随着应用规模化，未来器件成本将显著下降而能源价格将更加昂贵，这一趋势将更为明显。

理解“光子渗透”需要了解光通信技术如何占领并且统治长途电信和互联网骨干网的历史。下一个受到“光子渗透”的是数据中心内的缆线，而且有源光缆正迅速应用于此场景。值得讨论的问题是光子何时、采用何种技术“渗透”下一个领域。按照互联距离递减的顺序，依次为背板、服务器和路由器的板卡内，最后直到单个交换或处理器芯片内。2011年5月，HP演示了路由器中的全光无源背板[34]。同样的技术可以很容易地应用于其他背板系统。

读者可能注意到，我们并未谈论到时延问题。这是数据中心网络中另外一个关键指标，因为所有人都关心多久可以完成一次搜索或者一次超大数据库的查询。对于那些对计算资源需求很小的应用，影响其性能的关键指标通常是网络延迟。这里有一个误区，即一般认为光在波导中的传播速度比电子在铜线或者铜缆上要快。在很多时候这个认识是不对的。事实上，光在波导中的传播速度等于真空中的光速(c)除以波导的折射率。目前光在片上波导中的速度与电在铜线上的速度都能达到$1/3c$。在数据中心内部网络中，这又有所不同，光的传播速度可以达到$2/3c$，而电信号的传播速度为$1/3c$。对于使用中空金属波导的电路板而言，光的方案更优，因为此时的折射率可以接近1.0。可以得到的结论是，对于片上信号，光并不能在传输时延上占优，而只能在诸如功耗等其他方面占优。对于片外信号，光在传播时延方面可以轻松取胜，但是还必须仔细考虑光电及电光转换所带来的额外时延和成本。

数据中心中数据分组的传输时延可定义为数据分组通过网络从发端到收端的全部时间。它包括数据分组所通过的各段路径上的传播时延以及沿途经过的各个交换机内的时延。一个数据分组通过N段路径需要经过$N-1$个交换机。N值对于不同数据分组来说各有不同，这取决于应用通信模式、网络拓扑结构、路由算法以及网络的规模。然而，对于数据中心内这一特定场景而言，路径时延只占总时延很小的一部分。总时延主要由交换时延决定，其中包括由于缓存、复杂路由算法、仲裁、流控、端口间转发以及特定端口上的流量拥塞等引起的时延。这些时延在传输路径上每一个交换机之中都存在，因此总时延是单个交换机的时延乘以路径跳数。

减少路径跳数最好的方法是增大交换机基数。增大交换机基数意味着在给定的网络中只需要更少的交换机，因此也就减少了交换机费用支出。路径跳数和交换机数目减少的同时也减小了功耗和时延。从根本上而言，电交换

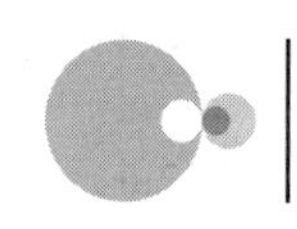

机需要权衡引脚规模与单引脚带宽,即可以选择每端口使用更多的引脚,这会导致交换机基数更小,但每个端口具有更高的带宽。另一种选择是每个端口使用较少的引脚,这将增大交换机基数,但每个端口的带宽会受到影响。光子技术可能是更好的选择:一方面,多波长复用可以带来带宽优势;另一方面,光器件封装密度更高也使得大交换机基数变得可行,而且不存在电交换中的端口带宽限制问题。

本章的其余部分致力于探寻光子技术在未来数据中心的大基数交换机中最有可能发挥作用的地方。考虑到成本的不确定性,我们主要关注的是超大规模和高性能的数据中心,这些地方可以承受更高价格的元器件。

5.2 背景

高端计算机系统性能预计将在 2020 年前增长三个数量级,从 Petascale(千兆级)到 Exascale(百万兆级)。按摩尔定律的扩展速度,CMOS 技术本身无法满足这种要求;为了缩小差距,系统中将会使用更多的处理和存储组件。最近的一项研究[23]表明,一个 Exascale 系统可能有 100000 个计算节点。越来越大的规模和越来越强的性能将给互联网络带来巨大的压力,网络正在迅速成为能耗和性能的瓶颈[24]。大基数网络交换机[17]具有巨大吸引力,因为增大交换机基数可以减少给定系统规模下所需的交换机数量以及数据分组从源到目的地的跳数。大基数交换机可以分层连接(如折叠 Clos 网络[18]等拓扑结构)、直接连接(如扁平蝶形或 HyperX 拓扑结构[2][19])或以混合方式[20]连接。

芯片 I/O 带宽和芯片功耗预算是限制基数提升的两个关键因素。我们的目标是评估电子或光子哪个能突破这些限制并更好地适应未来的交换。为了进行这种评估,我们需要明确的路线图。对于电子,我们使用 ITRS[30]。由于光通信领域没有发布路线图,我们只能设计了一个路线图(在 5.3 节中描述),并将其用于电子和光子之间的性能和功率比较。

在电交换机中,要想在保持每端口带宽的同时增加基数以减少时延是非常困难的,主要原因是芯片外围的带宽限制:ITRS 预测每个引脚带宽和引脚数在接下来的 10 年中只会适度增长。例如,Cray 的 YARC 是一个大基数、高性能的单芯片交换机[29],其中 768 个引脚由 64 个双向端口共享,总带宽为 2.4 Tb/s。每个端口有三个输入和三个输出数据信号,如果使用差分信号以增强高速信号的完整性,则总共需要 12 个引脚。采用更高速率的串行器/解串器(SERDES)可能会有帮助,但是这会降低本该用于交换功能的功率预算。在YARC中,高速差分SERDES消耗大约一半的芯片功耗(此数据来自2010年与Parker的个人交流)。

新兴硅基微纳光子技术[21][22][25][35][36]可以解决引脚带宽问题。波导或光纤可以直接耦合到芯片波导上,从而摒弃高速电引脚。虽然光信号速率与电引脚的信号速率相当,但是每个波导带宽的增加可以通过密集波分复用(DWDM)来实现,其中多达64个波长可以构成相互独立的通信信道。正是由于DWDM技术,大基数光交换芯片只需要使用比电交换芯片引脚数更少的光纤连接。此外,在更长传输距离上,如交换机间线缆或电路板线路,基于光互联技术发送一个比特信号的能量成本要比基于电互联技术的更低,并且在数据中心中,光互联的每比特传输能量(BTE)几乎与传输距离无关。相反,电互联的BTE在无中继条件下随距离线性增长,如果为了提高时延性能和信号完整性而使用中继器,则BTE将更加劣化。

下一个规模化限制将是交换芯片上的互联功耗。同样,全电解决方案无法解决功率瓶颈的问题。但与I/O限制不同,最好的解决方案并非使用全光方案,而是使用混合方案,即长距离采用光传输而短距离采用电传输。

片上全局线路的速率越来越慢,功耗越来越大[14]。全局线路的几何尺寸并不会按照与晶体管尺寸减小速率相应减小。为了最大限度地减少时延,YARC在全局的数据和控制路径中使用了带中继的线路,但是需要许多中间缓存和线路以便能支持YARC交换机内的带宽超配。

光的BTE比较低,并且与片上以及芯片外的传输距离不相关,但它还有其他问题。光调制器和接收机即使在不使用时也需要进行静态偏置(更多细节参阅5.3.2节),因此会产生静态偏置功耗,而这种静态偏置功耗在一般的电子电路中不存在。静态偏置功耗的存在意味着当光链路利用率较高时,光比较节能。同时,在距离较小时电信号可以具有较低的BTE并且比光信号传输得更快,部分原因是光互联需要在收发端进行电光/光电的转换。传输距离作为光互联是否成为优先选择的依据,将随着特征尺寸的缩小而改变,毕竟电与光的特征尺寸减小速度不一样。因此,短距离电子、远距离光子的设计看起来是合理的,尽管短距离与长距离的交汇点将取决于技术进步,但是在现阶段还难以确知。

5.3 电与光的路线图

高性能交换芯片的产量远小于处理器芯片的产量，它们被降格到较落后的晶圆厂中制造。例如YARC，一个标准单元的ASIC，用90 nm工艺制造，而一般定制的微处理器则采用65 nm工艺制造[29]。现在的微处理器一般采用32 nm CMOS工艺制造，ASIC至少落后一代。因此，我们专注于45 nm、32 nm和22 nm CMOS工艺技术。

下面将介绍电和光I/O路线图。这可以帮助定义大基数交换机的设计空间。电子I/O路线图基于2009年发布的ITRS[30]，它为大多数交换机组件提供了路线图，但并没有预测I/O功耗。基于最近发表的结果，我们补充了SERDES功耗的预测。虽然ITRS正在考虑诸如光子学等技术的影响，但目前没有行业路线图。我们基于最近的文献以及自己实验室的工作首次尝试提出了一个光子技术发展路线图。

光子学的优势是引人注目的，但是在部署之前仍然存在技术挑战。实验室内的器件与系统演示已经完成，如波导、调制器和探测器都已经实现并进行了测试[9]，但在同一基板上低成本、高可靠性地制造数百甚至数百万个集成器件的能力还没有被证实。

5.3.1 电I/O路线图

ITRS主要关注用于处理器到主存储器互联的几厘米长的“短距离”或SR-SERDES。最近，已经实验验证了许多低功耗的SR-SERDES[12][28]。在交换应用中，通常需要“长距离”或LR-SERDES来驱动长达1 m的PCB板线路，路径中至少有两个背板连接器。SR-SERDES比LR-SERDES需要更少的功率，但是它们需要辅以某种形式的外部收发器或缓冲器才能驱动更长的传输路径。因此，虽然采用SR-SERDES可以减小交换芯片的功耗，但是系统整体功耗却增加了。

历史数据显示，SERDES功耗每年约减小20%[28]，但是并非SERDES的所有组件功耗都将以此速度持续减小。由于外部负载（芯片外线路的阻抗）不会改变，所以输出驱动功率很难同步减小。我们在SR-SERDES和LR-SERDES功率模型中采用了当前业界最好的BTE值作为其起点值，并假设发射机输出级的功率保持恒定，且比特功耗效率依据ITRS的趋势发展。

三种类型 I/O 的 BTE 预测值与 CMOS 工艺技术的关系如图 5.1 所示。

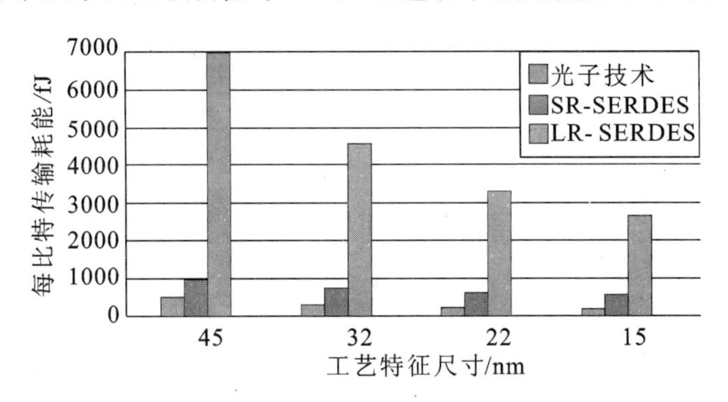

图 5.1 三种类型 I/O 的 BTE 预测值与 CMOS 工艺技术的关系

5.3.2 光子路线图

外部收发器无法克服芯片外围带宽的限制,而集成技术通过直接在芯片上采用光子技术则可以突破这一限制。使用间接调制的集成 CMOS 光子学已经被实验证实[4],其中除了外部激光器以外,其他所有通信组件均通过 CMOS 兼容工艺集成。但是,在这些系统中使用的 Mach-Zehnder 调制器在多通道系统中无法使用,原因是这种调制器需要占用较大面积而且具有相对较高的 BTE 值。

基于谐振结构的紧凑高功效的调制器已被实验证实[9]。我们提出的技术使用了类似于参考文献[3]中描述的硅基微环谐振器。微环可以用作调制器、波长选择开关或者下路滤波器。另外,微环具有波长选择的优点,可以用于构建 DWDM(密集波分复用)发射机。微环与用于芯片上连接的硅脊波导、集成锗探测器和用于外部连接的光栅耦合器一起构成了通信所需的全套组件。所有组件都可以在同一硅基衬底上集成,其中光源由片外激光器提供。

图 5.2 描绘了一个完整的 DWDM 光链路。一个外部锁模激光器提供波长等间隔的“梳状”光源。与梳状波长一一对应的微环谐振器阵列将信号调制到光上。光信号通过波导传输,经由耦合器进入光纤中,然后返回到不同芯片上的另一个波导中,再传输到另一个用于检测的微环谐振器阵列。该链路可以用于经由单模光纤的芯片间通信,也可以舍去光纤和相关耦合器而用于芯片内通信。

图 5.3 和图 5.4 分别展示了由 2 cm 光波导和 10 m 光纤组成的完整芯片

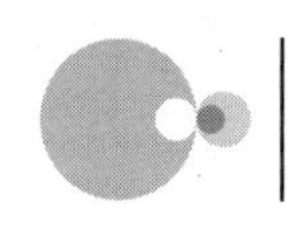

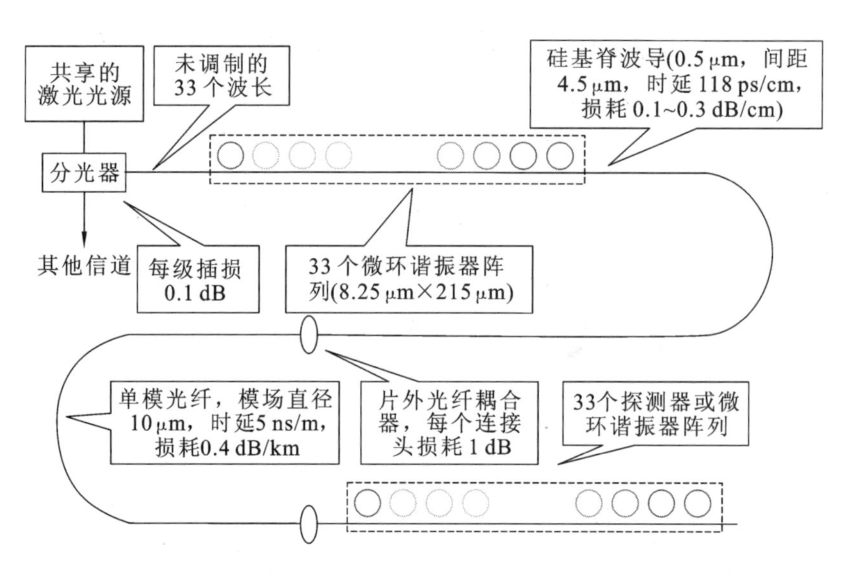

图 5.2　芯片间点对点 DWDM 光链路

间 DWDM 光链路的传输损耗和功率。我们根据接收机所需的输入光功率以及包括光功率分配波导在内的总路径损耗和激光器效率来计算激光器所需电功率，并且使用 HSPICE 对跨阻放大器和限幅放大器进行建模，以模拟接收机电功率。在 10 Gb/s 调制速率的情况下，通过微环谐振器的驱动电路测试参数来估算调制器功率。最后一部分是热调谐功率。由于除了调制之外的所有功率项都与链路状态无关，所以链路功率并不严格与链路使用率成正比。高速差分电链路也表现出类似不成正比的情况，因为就算没有实际发送数据时，它们也必须不断地发送空闲帧信号。

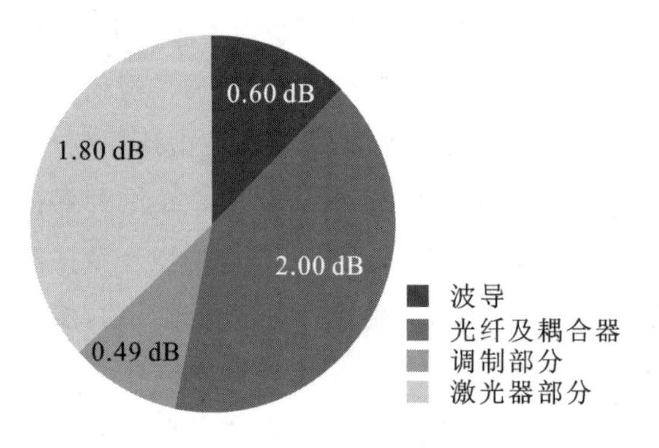

图 5.3　2 cm 光波导和 10 m 光纤的传输损耗

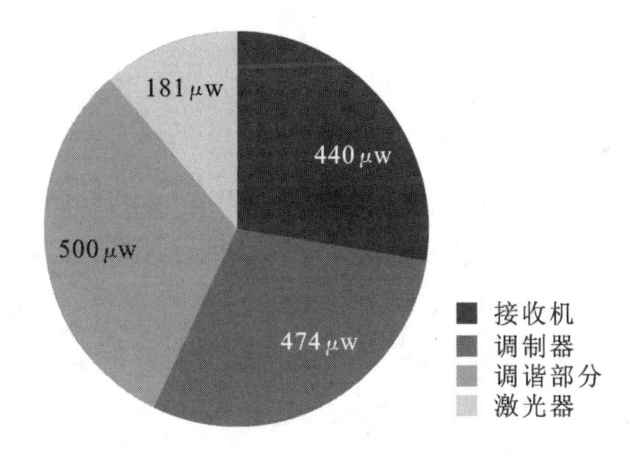

图 5.4 点对点传输链路的功率(22 nm 工艺)

5.4 交换机微体系构架

基于可扩展的交换机微体系构架来比较用于大基数交换机的光子和电子芯片:对于电互联,可以通过增加芯片引脚数和/或提高 SERDES 速率来实现;对于光互联,可以通过增加光链路中波长数来实现。根据上述电子和光子路线图,我们研究了三代 CMOS 工艺平台上基数分别为 64、100 和 144 的交换机。端口数选取为 N^2 的原因是希望在全电交换的情况下维持 $N \times N$ 阵列的子开关。我们认为可行的设计应符合 ITRS 封装限制,其功耗小于 140 W,并且能组装在 18 mm×18 mm 裸片内。设计更高功率的交换机也是有可能的,但是需要昂贵的液冷系统。我们将功耗在 140～150 W 的设计视为危险区,而将功耗大于 150 W 以上的设计视为不可行。裸片尺寸的布局规划包括互联端口间距、输入和输出缓存容量、光子元件间距、端口块逻辑以及光学仲裁波导或电仲裁逻辑等。

数据中心交换机处理的分组大小通常符合以太网协议,并且长度在巨型分组(通常为 9000 B 或更多字节)到最小的 64 B 间变化。为了模拟目的,我们以 64 B 的倍数改变分组大小,其中倍数为 1～144。在电子和光子设计中,我们在输入和输出端口提供缓存。在工艺特征尺寸为 45 nm、32 nm 和 22 nm 时,输入缓存区大小分别为 32 KB、64 KB 和 128 KB。这种变化 2 倍的关系用于映射 2 倍数目的波长变化。输出缓存区大小为 10 KB,以容纳整个巨型数据包。输出缓存区的大小也可以进一步增加以支持链路级重传,不过因为本章的重点是单个交换机的设计,所以并没有对传输失败和链路级重传进行建模分析。

对于光I/O,我们允许每个端口有一根输入光纤和一根输出光纤,因此三种工艺平台上的每端口带宽分别为80 Gb/s、160 Gb/s和320 Gb/s。在我们的模型中,基于每个分组来进行流量控制,由于交换机间链路最长距离为10 m,因此流量控制除了必须考虑链路的往返延迟外,还要考虑任一端的响应时间。表5.1显示了最差情况下正在传输的比特数目,以及相应的缓存变化情况。我们的仿真和功耗估计模型聚焦于数据通路和仲裁资源。表5.1同时展示了余下的各种子片资源细节。基于ITRS[5],我们假设时钟频率为5 GHz,并用DDR方式以10 Gb/s的速率驱动光链路。

表5.1 与基数无关的资源参数

一般参数	工艺制程/nm	45	32	22
	系统时钟/GHz	5		
链路参数	端口带宽/(Gb/s)	80	160	320
	最长距离/m	10		
	传输中数据/B	1107	2214	4428
光链路参数	波长数目	8	16	32
	速率/(Gb/s)	10		
电链路参数	SERDES通道带宽/(Gb/s)	10	20	32
	SERDES通道数目/端口	8	8	10
	比特能耗(LR-SERDES)/(fJ/b)	7000	4560	3311
	SERDES目标功耗/端口/mW	560	730	1060
	每端口的电I/O引脚数目	32	32	40
缓存	输入缓存/KB	32	64	64
	分组头队列入口数目	64	128	256
	输入缓存的读总线位宽/b	32	64	128
	输入缓存的写总线位宽/b	16	32	64
	片长度/B	64		
	分组大小/片	1～144		
	输出缓存/KB	9216		

5.4.1 电交换构架

简单的交换机包括三个主要部件:输入缓存,用于存储传入消息;交叉开关,用于将消息发送到适当的输出端口;仲裁器,用于分配资源和解决冲突。由于这三个部分的时延随着交换开关基数和尺寸的增加而增加,因此直接增加基数将导致它们降低工作频率或减小交换吞吐量。当输入缓存采用简单的FIFO结构时,如果缓存区队首数据分组的输出端口忙,即使后续分组的目的端口空闲仍需要等待。在均匀随机业务情况下,这种称为队首(HOL)阻塞的现象将使简单交叉开关的吞吐量限制在60%左右[16]。为此,YARC将Crossbar开关划分为三级:1到8广播(或解复用)、8×8交换和8到1的多路复用。把缓存插入各级之间,并根据目的地址对分组进行存储,可以缓解HOL阻塞,同时也解决了时延问题。如果在每个交叉点都配置专用缓存,则交叉开关可以处理接近100%的负载。但是采用这种方式,缓存量也会随着端口数的平方显著增长。YARC架构通过将交叉开关划分为多个子开关来减少缓存大小的要求。

图5.5显示了类似YARC的分布式大基数交换机的架构。交换机使用单个重复子片,每个子片具有一个双向端口。子片分成M行N列,因此有$M\times N$个端口。每个子片包括一个输入缓存、一个N输入到M输出的子交换机、一个M输入的多路复用器和一个输出缓存。每个子交换机和每个多路复用器都在其各自的输入端配置有缓存,分别称为行缓冲器和列缓冲器。这些中间缓存的大小对于避免HOL阻塞至关重要。数据分组从输入SERDES传输到输入缓存,然后沿着行总线被发送到(经由广播)与输出端口在同一列中的子片。注意,平均而言,一行上的N个输入缓存将在每个周期向该行上的每个子交换机发送一个字节。因此,子交换机的平均负载仅为$100/N\%$。一旦该字节到达子交换机,第一级的仲裁将其映射到正确输出端口的子片。在每列中,子交换机和输出多路复用器是完全(all-to-all)连接的。第二级仲裁从列缓冲器挑选分组,并将它们发送到输出缓存。这种安排意味着仲裁对于子片来说是本地的,且限于第一级的N个输入和第二级的M个输入。对于电交换数据通路,我们根据在第5.3节中讨论的路线图来调整输入端口带宽。子交换机数、行列资源的大小随着端口数的平方根变化。对于光I/O,输出调制器和输入探测器与子片集成,从而可以消除长传输线而直接使用光波导作为额外的低损耗布线层。对于电I/O,高速SERDES放置在芯片的外围,能够提供

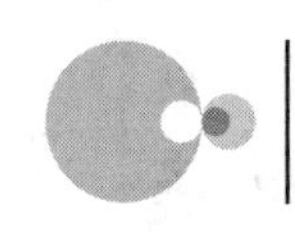

更受控制的模拟电路环境。

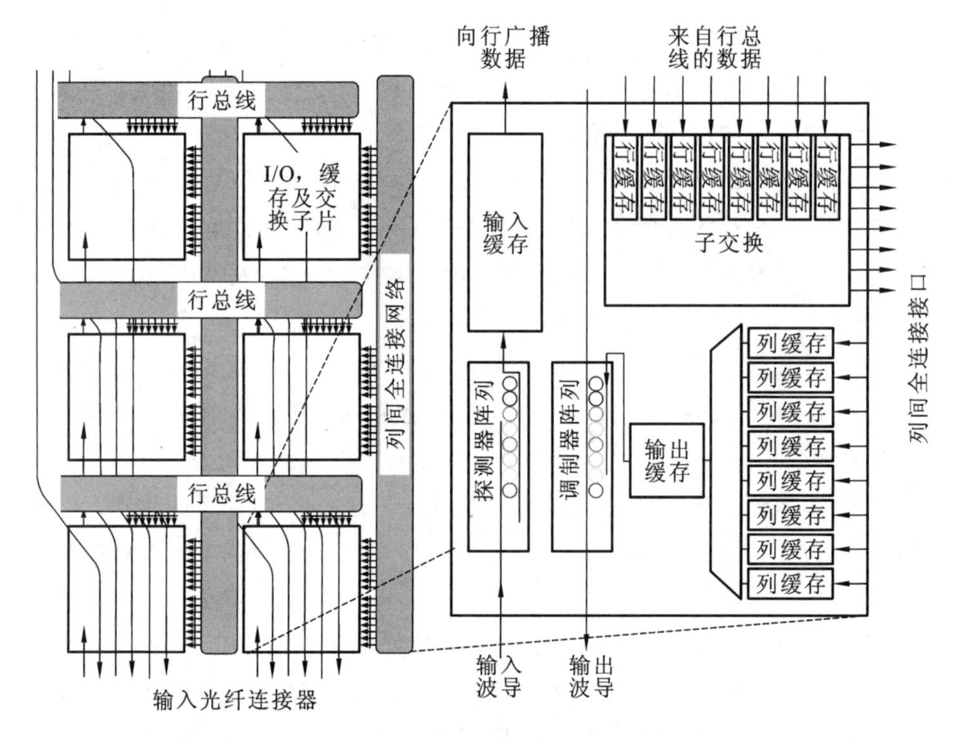

图 5.5　电交换子片和波导阵列(光 I/O 囊括在子片中)

5.4.2　光交换架构

在光交换架构中,我们采用了简单的单级光交叉开关。这种选择是考虑到光互联的高静态功率。YARC 采用了过度配置线路用以连接子交换机,但这些线路并没有得到充分利用。由于存在较高的静态调谐功耗,对于光互联而言这不是高效的方式。

我们利用光波导的低传播损耗特性来构建比电交叉开关更有效的跨越芯片的光交叉开关,并通过使用灵活的输入缓存结构,以及能同时考虑来自每个输入端口多个请求的仲裁算法,来解决 HOL 阻塞。光交换构架如图 5.6 所示,多个 I/O 子片围绕着一个大基数光交叉开关。I/O 子片由统一的输入缓存、输出缓存、分组头队列和路由逻辑组成。

到达输入光纤的光分组立即被转换成电分组,并存储在输入缓存中。单独的分组头 FIFO 包含输入缓存中每个数据分组的路由信息。分组头 FIFO 中前 8 个元素对于请求生成逻辑单元是可见的,相应的,该逻辑单元可以同时

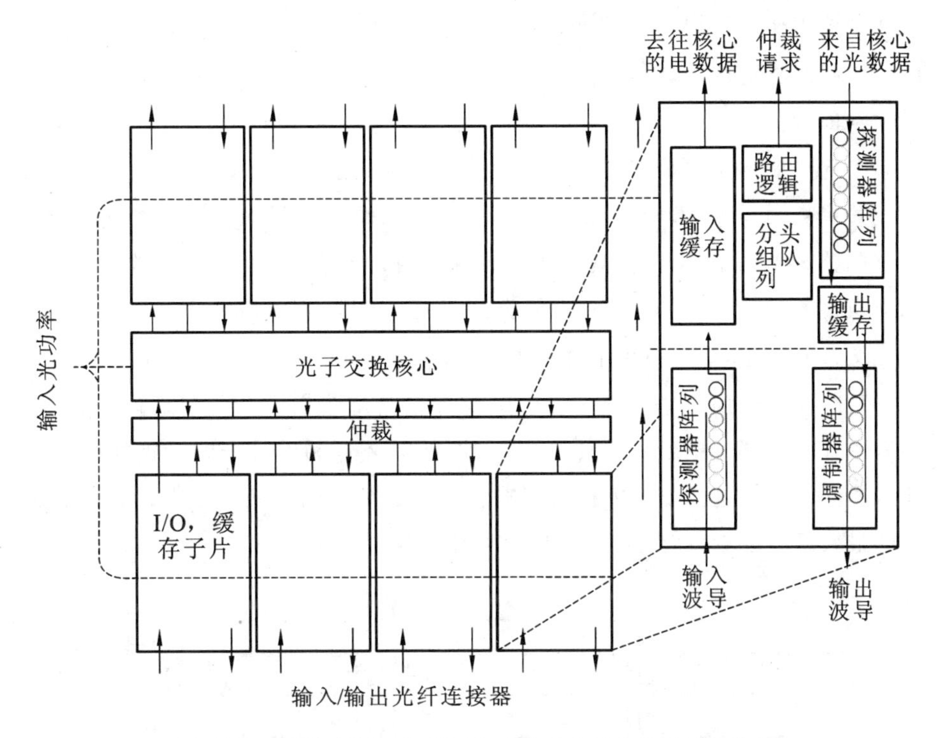

图 5.6　光互联子片布局(基于大基数交换核心的光互联构架)

生成多达 8 个对中央仲裁器的请求。当接收到针对其中一个请求的许可时，输入缓存将相关分组发送到交换机核心并释放缓存空间。输入缓存具有足够的带宽,可以一次将两个数据包传输到交叉开关。由于输入缓存不是 FIFO，因此缓存空间管理更复杂。交叉开关的处理带宽是外部链路带宽的两倍,这使得发生输出端口竞争时,输入端口可以利用交换开关的带宽优势消除输出端口竞争的影响。此外,输出端口需要足够的缓存以容纳至少一个最大分组。

5.4.3　光交叉开关

交叉开关是在一个维度上广播并在另一个维度上仲裁的二维结构。在我们使用的光交叉开关中,每个输出端口都与一个波导相关联。输入端口请求由仲裁授权,使得在任何给定时间内只有一组调制器主动驱动给定波导。在这种每个目的地址都被分配一个通道的寻址方法中[33],每个微环接收机都必须一直主动监听与其相关联的波导。

用于这种方法的调谐功率随着输入端的数量线性地变化,因为空闲调制器阵列也必须保持在已知的关断频率位置以避免产生干扰。因为每次只有一

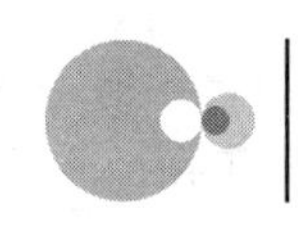

组调制器工作，所以交叉开关的多个输入可以共享一组调制器而不影响交换性能。我们将这称为聚类，并且使用这种技术将每个波导上的微环谐振器数量减到最少。

图 5.7 展示了由两对输入共用的光调制器，光开关的每一侧上各有一对，因此其聚类因子为 4。这样，12 端口交换机的每个波导只需要 3 组调制器。通过调整聚类因子，可以实现在任何数目的相邻子片之间共享调制器，而不影响交换机的吞吐量，但是较高的聚类因子意味着聚类内需要更多的电互联。在光交叉开关中，每个波导上存在大量微环，这使得与微环有关的损耗要比点对点链路的传输损耗严重得多。每个微环自身都会引起一些散射损耗，并且相邻微环间的部分耦合还会使空闲、关断的微环调制器带来额外损耗。聚类技术能同时减小这两方面的损耗影响。损耗的组成列于表 5.2 中。对于所研究的最大开关配置，在最坏情况下路径损耗为 7.7 dB。

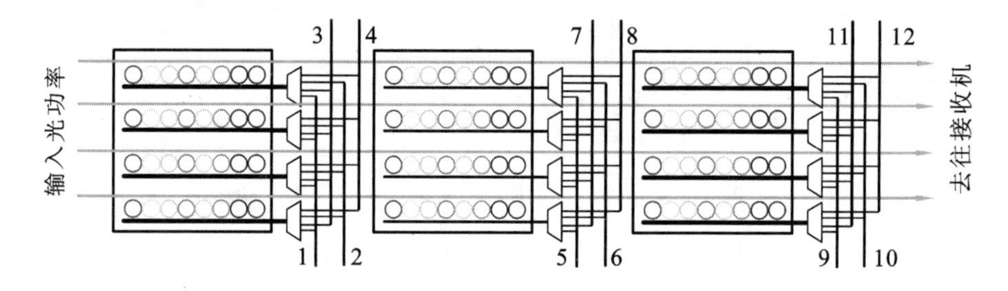

图 5.7　12 个输入端和 4 个输出端交叉开关(聚类因子为 4)

表 5.2　损耗组成

损耗种类	损耗/dB
每厘米单模波导的损耗	1
每厘米多模波导的损耗	0.1
相邻微环插入损耗	0.017
微环散射损耗	0.001
片外耦合损耗	1
非理想分束器的损耗	0.1

图 5.8 显示了通过共享光调制器而节省的功耗。最初，由于减少了微环数量，节省了静态功耗，从而使功耗降低。在功耗减小到最小值后(此时聚类因子为 16)，由于聚类光开关阵列中导线长度的增加，导致功耗重新上升。

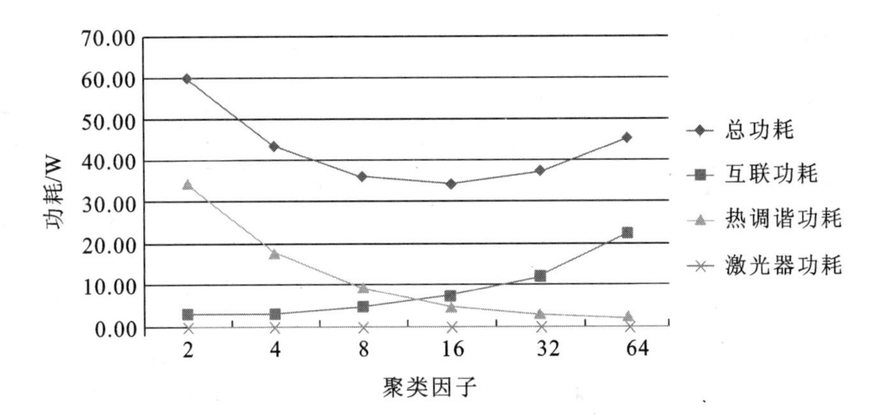

图 5.8　聚类因子与交换开关总功耗的关系(交换开关基数 64,22 nm 工艺制作)

5.4.4　微环的热调谐

当环的周长是信号波长的整数倍时,环与信号发生谐振。制造的差异和硅的热膨胀使得有必要对每个环进行主动的温度控制,以使微环的一个谐振波长与产生的激光波长梳中的某一个波长对准。为此,Watts 等人使用嵌入微环或邻近微环的加热元件进行了验证[35]。

对单个微环来说,调谐的灵活性取决于是否有足够高的加热功率来使其谐振波长在较宽的范围内移动。为了使热调谐功耗最小化,需要有更高效的设计。其中一个想法是使用等间隔微环阵列(见图 5.9),只需要将环调谐到最近的波长即可。通过增加微环以扩展阵列,同时结合微环和电信号之间的移位功能,可以显著减少在相邻波长间调谐所需的加热功率。

微环具有多种谐振模式。当微环的有效路径长度为波长的 M 倍时,称为在 M 模式谐振。为了避免由于增加微环的数量而带来的额外功率和面积成本,同时减小所需的最大加热功耗,我们可以设计微环阵列的几何形状,使得最大环 $M+1$ 模的谐振波长位于最短梳状波长低波长侧的一个波长梳“齿”上(见图 5.9(b))。彩色环内的数字表示微环谐振模式,因此 D[0]总是连接到最长(最红)波长,D[31]连接到最短波长。在所有微环中使用两个模式可以给出逻辑上能达到的调谐范围,几乎等于微环的自由光谱范围(FSR),即两个相邻谐振模式之间的频率范围。

我们关于光可扩展性的假设如下。微环的几何形状不随工艺改进而变化,因为微环尺寸与谐振波长有关。我们假设调制波长将保持恒定,这是使用

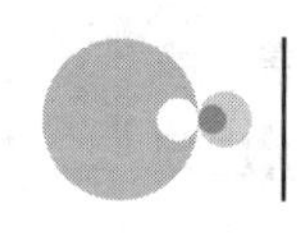

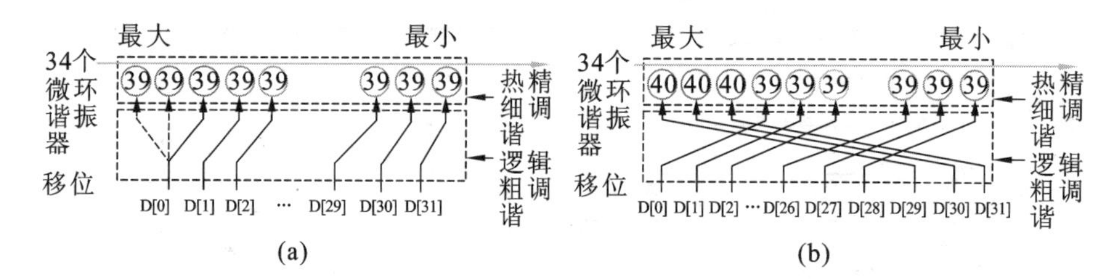

图 5.9 热调谐功率最小化的粗调方案

(a)额外的微环;(b)使用更高的模式

电荷注入作为调制机制的结果。这种情况下的调制速度受到微环载流子复合时间的限制,相对低的调制速率可以使用简单的源同步时钟。这需要额外的时钟波长,但与高速 SERDES 相比,只要简单的低功耗接收器就能做时钟同步。我们使用额外的一个波长用于转发的时钟,数据波长组中的波长数分别为 8、16 和 32,并在三种工艺平台上加以考虑。

5.4.5 仲裁

我们设计的光交叉开关需要一个高速、低功率的仲裁器。为了更好地利用交换机内部带宽,我们使用均匀随机流量进行了一项新颖的设计研究,以量化由于增加每个输入端口可用的请求和授权数量而带来的好处。我们发现,对于所有的交换机基数和分组尺寸,每个端口允许 8 个请求和 2 个授权将使交换机内部带宽的利用率平均提高约 30%。这样的选择允许输入端口同时发送两个数据包到不同的输出端口。

我们采用两种形式的仲裁算法。作为基准数据路径的仲裁器(YARB)就是分布式 YARC 仲裁方案的副本。由于我们的目标是评估光数据路径的最佳仲裁方案,所以用于光数据路径的电仲裁器(EARB)实现与 YARC 模型有所不同。为了更好地模拟光仲裁方案,我们采用并行前缀树仲裁设计[11]。这种方法类似于并行前缀加法器设计,其中诀窍是进位传递和消除类似于基于优先级授权的进位传递和消除。EARB 包含 k 个子片,用于每个交换基数为 k 的方案。逻辑上,每个子片的优先级以环的顺序排列。这里,按照子片在环中的依次顺序,下一个具有最高优先级的授权者恰好在当前授权者之后。这提供了类似于循环调度的公平性保证。

EARB 是集中式和流水线式的,但毫无疑问,可以找到针对我们当前版本的更优方案。特别的,只要更加严格地关注关键路径时序和晶体管尺寸问题,针对面积、速度和功率的改进是有可能的,同时也可以改进布局以减少布线延迟。最后,当前方案对每个输出端口使用一个前缀树仲裁器,并且每个仲裁器向获得请求者返回单个授权。因此,输入端口可能接收到多于两个的授权。当发生这种情况时,输入端口中的逻辑电路将通过删除相关的请求线来选择要拒绝哪些授权。这导致的结果是,由于输入端口和仲裁器之间额外的往返延迟,最终被授权者将等待更长时间。

发送最小分组需要8个时钟周期。对于任何仲裁方案,最重要的是往返延迟要小于分组传输时间。EARB设计针对延迟进行了优化,其中主要延迟是由于请求和授权线路较长。对于所有的工艺参数和交换基数,EARB子片都需要一个不到200 ps的时间周期。最差情况下,EARB请求授予时间是7个时钟周期。EARB功耗对总交换功耗的影响可以忽略不计,最坏情况下(交换基数为144,45 nm工艺制程),仲裁器每次操作的功耗为52 pJ。对于22 nm工艺制程,交换基数为144的开关每次操作的功耗为25.7 pJ。

光学仲裁使用单独的一组仲裁波导,其中仲裁波导上的特定波长与交换机中的特定输出端口相关联。我们采用了参考文献[33]中提出的信道令牌仲裁方案。光学仲裁方案的往返时间小于8个时钟周期,仲裁功耗对总开关功耗的影响可以忽略不计。我们可以得出结论,EARB和光学信道令牌仲裁之间没有实质性的差异,并且任何一种方案都适用于22 nm工艺制造。由于EARB的主要延迟分量是长的请求线和授权线,其长度随着每个新处理流程的出现而增加,因此从长期看,我们相信光学仲裁方案可能更优。

5.4.6 封装限制

我们针对ITRS路线图中关于封装和互联的限制评估了所有开关类型的可行性。

表5.3所示的是在三种工艺条件下不同类型的I/O所需的电和光的资源。关键结论是:针对端口带宽为80 Gb/s的全电交换系统,唯一可行的交换机基数为64。然而,即使使用目前250 μm光纤的封装间距,所有的光学I/O设计都可以通过器件四周的耦合光纤实现。如果使用125 μm光纤封装,则可以在两侧实现所有的光学连接。对于电互联而言,由于封装限制,即使高速差分对使用ITRS估计的最小尺寸,也不足以在满足所需端口带宽的情况下支持100和144端口的电I/O。从封装的角度看,趋势很明显;若要显著增加带宽和交换机基数,超过基数为64的YARC交换开关,则需要用光I/O。由于

在确定可行性时功耗和性能同样至关重要，因此将在下面讨论它们。

表 5.3 I/O 及封装限制

	端口数	64	100	144
全光方案	最大裸片尺寸/mm	18.1	32	22
	每侧光纤数(250 μm)	72		
	每侧光纤数(125 μm)	144		
	所需光纤数	128	200	288
	光纤侧(250 μm)	2	3	4
	光纤侧(125 μm)	1	2	2
45 nm	端口带宽/(Gb/s)	80		
	SERDES 速率/(Gb/s)	10		
	可用 SERDES 对	600		
	所需 SERDES 对	512	800	1152
32 nm	端口带宽/(Gb/s)	160		
	SERDES 速率/(Gb/s)	20		
	可用 SERDES 对	625		
	所需 SERDES 对	512	800	1152
22 nm	端口带宽/(Gb/s)	320		
	SERDES 速率/(Gb/s)	32		
	可用 SERDES 对	750		
	所需 SERDES 对	640	1000	1440

5.5 实验设置

我们使用 M5 模拟器[7]来评估上述交换方案的性能。我们为每个设计环节创建了新模块，模块间的交互按照分组粒度进行建模。在光学模型中，考虑了光在波导中的传播时延，从而可以准确地量化通信和仲裁延迟。

我们使用 CACTI 6.5[27]来仿真电交换和光交换中的电子元件。光子模型包括了光损耗、激光输入功率和热调谐功率的分析模型。对于光电交换，我们详细地模拟了传输路径中的主要组成部分，如输入/输出缓存、交叉开关、行/列缓存、仲裁器和垂直/水平总线等。其他逻辑模块，如链路控制块(LCB)[29]和统计计数器也会产生功耗，但它们的功耗可以忽略不计。

在 YARC 模型中，为了计算峰值功率，我们假设在输入/输出缓存有 100％的负载。虽然每个子交换机可以满负载工作，但是所有子交换机上的总负载受交换机带宽的限制。例如，对于一个包含 n 个子交换机的交换机，在其处理均匀业务时，即使满负载运行，每个子交换机上的平均负载不会大于 $\frac{100}{\sqrt{n}}$％。类似地，在水平和垂直总线中传输的字节数也受限于汇聚 I/O 带宽。

5.6 结果

我们的初步实验比较了全光学交叉交换机与 YARC 型电子交叉交换机在一系列开关尺寸和流量模型下的性能和功耗。总体来说，YARC 型电交换机与光交换机的性能相当，但是随着交换基数和端口带宽增加，电交换机的功耗大得十分惊人。最后，基于各种类型的交换模型，我们给出了大型网络的功耗结果。

5.6.1 交换性能

两种交换机在大多数流量模型下表现良好。而对于其中一些人为设定的流量模型，YARC 表现不佳。当开关基数很大时，由于开关基数造成的性能变化非常小，在所有三种基数情况下开关的性能结果大致相当，且在不同的工艺平台下，开关性能也没有明显差异。在光学数据路径中，电仲裁方案和光仲裁方案的性能大致相同，因为电仲裁方案中数据传输足够快。较大基数交换机的主要优点体现在系统层面，其跳数、开关功率和成本等方面均会降低。

图 5.10(a)显示了在数据分组为 64 B 和均匀随机流量条件下，均采用 22 nm工艺的三种交换机方案的性能比较，其中包括有、无内部加速的光学交叉开关性能和 YARC 开关性能。对于没有内部加速的光交叉开关，由于在发生竞争时，其输入数据无法及时发送到特定输出，从而性能受到限制。虽然 YARC 开关也没有内部加速，但列是独立资源，这实际上给开关的输出提供了近一半的明显加速。由于具有非常大的输入缓存，YARC 能够很容易保持其

行缓存充满状态，从而输出竞争不会传导回输入级。对于 YARC 和有内部加速的光交叉开关这两种方案，由于负载增加导致的时延增加几乎相同，这反映了以下事实，即尽管 YARC 是多级设计，但是尽量少用共享内部资源可以使它的性能与完全交叉开关一样好。

图 5.10(b)显示了面对巨型数据包时的交换性能。此时，YARC 有两个问题阻碍其实现高吞吐量。首先，行缓存太小而不能存储整个分组，因此输出的拥塞导致分组通过开关和行总线回溯，并导致 HOL 阻塞。这是由于我们针对的是以太网交换机，因此数据分组必须是单个单元，不能交错存取。我们可以通过从输入级到输出级提供基于信用的流量控制来解决 HOL 阻塞问题，但即使采用零延迟流量控制，也不会提高交换机的负载处理能力，原因在于交换机无法填满列缓存，因此它并不具备在有输出竞争时也能及时处理的能力。与 YARC 相比，没有内部加速的光交叉开关对于大分组情况有更好的性能，因为与分组传输时间相比，输出竞争的持续时间较短(即仲裁失败可能导致几个周期的时间丢失，而数据传输需要几百个时间周期)。

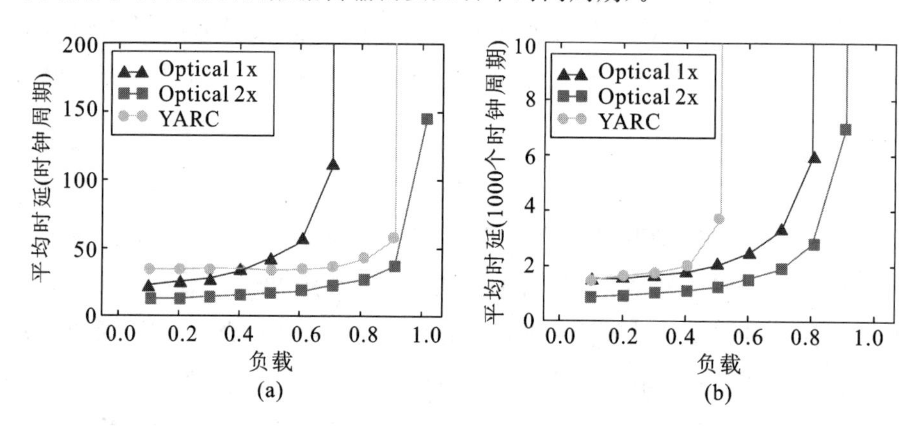

图 5.10　(a)均匀随机业务，64 字节分组和 22 nm 工艺，1x 和 2x 是光开关内部加速；(b)均匀随机业务，9216 字节分组和 22 nm 工艺，1x 和 2x 是光开关内部加速

5.6.2　功耗

表 5.4 比较了光子和电子开关核心在各种规模和工艺条件下的峰值功率。显然，对于所有工艺制程，光开关核心的功率较低。许多情况下，电开关功率非常高，即使我们通过片外光互联可以解决端口引脚限制问题，但不可能在不产生过高冷却成本的条件下构建高带宽、大开关基数的电交换机。

表 5.4　开关核心功耗　　单位:W

工艺制程	端口带宽	核心类型	开关基数		
			64	100	144
45 nm	80 Gb/s	电	41.8	72.7	120.7
		光	13.2	17.4	31.9
32 nm	160 Gb/s	电	38.0	65.9	109.0
		光	22.9	27.7	50.9
22 nm	320 Gb/s	电	52.4	91.9	153.8
		光	34.2	41.3	76.3

与电开关核心相比,光开关核心的功耗随开关基数增加而增加得更慢。在电开关中,交叉开关的缓存设计是实现高吞吐量的关键。但是其复杂性随开关基数的平方增长,从而导致了高功耗。行/列互联,包括快速重复的高频率线路切换,对电开关的总功率贡献很大。光交换开关核心通过利用光互联的优越特性和我们的仲裁方案克服了这两个问题。所提出的 8-请求、2-授权方案在没有中间缓存条件下能够实现高吞吐量。光交叉开关在减少通信开销方面是有效的。对于光交换开关而言,唯一非线性增长的部分是激光功率(由于链路中的损耗),但是其对总功率的贡献最小。通过减少所需的光环路数量,聚类技术有助于降低交换机所需的光功率,即使对于大基数交换机也是如此。

表 5.5 显示了所有交换机方案的总功耗,其中也包含了 I/O 部分的功耗。对于高端口数,采用电 I/O 的器件变得不切实际。设计中,如果总功耗在 140 W 以内,则电交换核心组件方案是可行的。超过该阈值,电交换开关就需要更昂贵的导电液体冷却。因此,对于高端口数,光交换开关核心具有相当大的功耗优势。同时,封装的需求也使得光解决方案更可行。

表 5.5　包括 I/O 的交换机整体功耗　　单位:W

工艺制程	端口带宽	核心类型	I/O	开关基数		
				64	100	144
45 nm	80 Gb/s	电	电	77.6	128.7	201.4
		电	光	44.1	76.3	125.9
		光	光	15.5	21.0	37.0

续表

工艺制程	端口带宽	核心类型	I/O	开关基数		
				64	100	144
32 nm	10 Gb/s	电	电	89.7	146.7	225.3
		电	光	40.9	70.4	115.5
		光	光	25.8	32.2	57.5
22 nm	320 Gb/s	电	电	135.3	221.5	340.4
		电	光	56.3	98.0	162.6
		光	光	38.1	47.4	85.1

图 5.11 显示了 22 nm 工艺下，采用一系列不同开关元件构成的大规模 HyperX 网络的每比特能耗。结果显示了光 I/O 在降低功率和实现更大开关基数方面的双重优势。当端口数大于 64 时，采用电 I/O 的交换机已经超过了现实器件的功率限制和封装限制。较大开关基数和较低组件功耗共同使采用光 I/O 的大型互联网络的功率为全电方案的三分之一。通过利用光作为交换核心，可以进一步节省两倍的功耗。在光技术中采用单目的地、单信道方案的条件下，微环调制器的闲置调谐功耗成为主要的功耗开销。

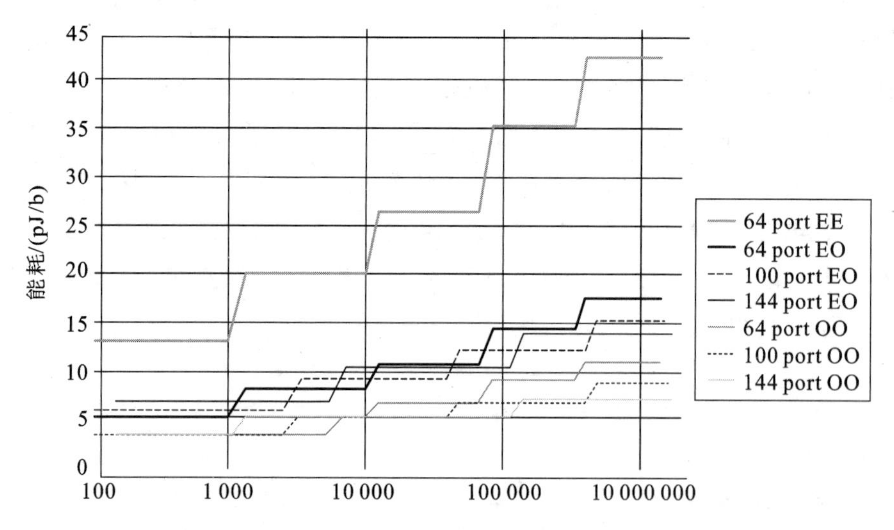

图 5.11 交换机能耗比较

5.7 相关工作

最近已有报道,大基数以太网交换 CMOS 单芯片开关最多可以支持 64 个端口[8][10]。这个器件中很大一部分硅片面积和功耗都与以太网路由的复杂性有关。这项工作中,我们假设了一个简化的寻址方案,不需要使用对稀疏路由寻址的内容可寻址存储器。在用于以太网业务的多级网络中,仅需要在网络的入口侧将标准寻址方案与新方案进行转换,这节省了交换开关间传输的功耗,并且由于路由开销较低,使得能够构建更大规模的交换开关。

最近的一些工作也研究了构建单芯片大基数交换开关的设计挑战。Mora 等[26]提出将交叉开关分成两半,以提高其可扩展性。我们遵循参考文献[17]中的思路,通过使用更深层次结构来构造电交换开关核心。参考文献[29]中有关于 YARC 交换开关实现的更详细的讨论。

目前,CMOS 集成光子学的技术还局限在简单的收发器件上[4]。Krishnamoorthy 等[24]演示了用于芯片到芯片通信的大规模集成 CMOS 光子组件技术。不过,其关注的是基于光子技术实现光子宏芯片,而不是用于数据中心网络的组件。集成光子学用于芯片内通信是当前许多研究的主题。Shacham 等[31]提出了一种用于核到核通信的片上光网络。在这种情况下,采用光电路交换的方式在需要通信的核之间建立光链路。虽然这种方案对于长数据分组的传输具有更好的功率效率,但对于大量的短数据分组传输而言效率较低。

5.8 结论

本章中,我们认为,集成 CMOS 光 I/O 有利于扩展路由器的交换开关基数,克服 CMOS 技术中电引脚和功率的限制。从本章提供的数据中可以得出许多结论。一旦采用光 I/O 突破了引脚屏障,下一个瓶颈将是基数大于 64 的交换开关中的片上全局线路。为此,可以使用扁平化的光学交叉开关。其利用光波导的高带宽来提供内部加速,并且采用了允许每个入口端口有 8 个请求但最多只有 2 个授权的仲裁方案,因而克服了 HOL 阻塞问题。

当光子交叉开关负载较低时,则调谐功耗会过大。为了减少这种固有的高静态功耗问题,可以采用聚类方法来平衡光器件和电器件的使用。这里提出的构架将缓存的使用限制在输入和输出端口，可以适当地对其大小进行调整以处理以太网交换中出现的巨型分组。此外，不用中间缓存可以减少 E/O 和 O/E 的转换，从而改善等待时间和降低功耗。分析表明，光子技术可以以多种方式降低系统功耗。随着光 I/O 的采用，功耗可以降低多达 52%。如果使用光数据路径，则可以为采用 22 nm 工艺、基数为 144 的交换开关带来额外 47%的功耗降低。如果通过聚类方法实现多个端口间的环路共享，则可以将基数为 64 的交换开关的功耗再降低 41%。

与 100000 个端口的全电互联网络相比，利用光子技术可以降低交换开关的功耗和构建更大基数的交换开关，从而减少组网部件，因此光互联网络可使每比特能量效率提高 6 倍。

随着数据中心规模和性能的不断提高，互联网络将变得越来越重要。鉴于光通信的优势，光子技术将是部署在未来数据中心的关键技术。比较合理的方案是把光子技术应用到最有效的地方。在撰写本文时(2012 年)，机架间的连接电缆正在被有源光纤取代，以改善通信时延并减少通信能耗。下一步是用光波导替换机架内电缆或背板走线，这两项均已有实验证实。随着机架内采用光传输技术，O/E 和 E/O 转换引擎将从机架间的 AOC 转移到机架内部。再下一步是在刀片服务器上使用波导作为长数据路径。有几种方法可以做到这一点。Tan 等[32]提供了一个很好的研究方案。最后，可以将光子技术应用于裸芯片中。从数据中心的角度来看，片上光子学最有用的地方是交换芯片，它是数据中心互联网络的基础。本章已经说明光子技术将在提高能量效率和构建更大基数交换开关芯片方面提供非常大的帮助。

参 考 文 献

[1] U. S. Environmental Protection Agency ENERGY STAR Program (2007) Report to Congress on Server and Data Center Energy Efficiency Public Law 109—431 Washington D. C. ,USA

[2] Ahn J, Binkert N, Davis A, McLaren M, Schreiber RS (2009) HyperX: topology, routing, and packaging of efficient large-scale networks, Proceedings of the Conference on High Performance Computing Networking, Storage and Analysis, Portland, Oregon

[3] Ahn J, Fiorentino M, Beausoleil R, Binkert N, Davis A, Fattal D, Jouppi

N, McLaren M, Santori C, Schreiber R, Spillane S, Vantrease D, Xu Q (2009) Devices and architectures for photonic chip-scale integration. Appl Phys A: Mater Sci Process 95(4): 989—997

[4] Analui B, Guckenberger D, Kucharski D, Narasimha A (2006) A fully integrated 20-Gb/s optoelectronic transceiver implemented in a standard 0.13 micron CMOS SOI technology. IEEE J Solid-State Circ 41(25): 2945—2955

[5] Association SI (2009) International technology roadmap for semiconductors. http://www.itrs.net/

[6] Astfalk G (2009) Why Optical Data Communications and Why Now? Appl Phys A 95: 933—940

[7] Binkert NL, Dreslinski RG, Hsu LR, Lim KT, Saidi AG, Reinhardt SK (2006) The M5 Simulator: modeling networked systems. IEEE Micro 26 (4): 52—60

[8] Broadcom (2010) BCM56840 series high capacity StrataXGS® Ethernet switch series. http://www.broadcom.com/products/Switching/Data Center/BCM56840-Series

[9] Chen L, Preston K, Manipatruni S, Lipson M (2009) Integrated GHz silicon photonic interconnect with micrometer-scale modulators and detectors. Opt Express 17(17): 15248—15256

[10] Cummings U (2006) FocalPoint: a low-latency, high-bandwidth Ethernet switch chip. In: Hot Chips 18

[11] Dimitrakopoulos G, Galanopoulos K (2008) Fast arbiters for on-chip network switches. In: International conference on computer design, pp 664—670

[12] Fukuda K, Yamashita H, Ono G, Nemoto R, Suzuki E, Takemoto T, Yuki F, Saito T (2010) A 12.3mW 12.5Gb/s complete transceiver in 65nm CMOS. In: ISSCC, pp 368—369

[13] Hewlett SJ, Love JD, Steblina VV (1996) Analysis and design of highly broad-band, planar evanescent couplers. Opt Quant Electron 28: 71—81. URL http://dx.doi.org/10.1007/BF00578552, 10.1007/BF00578552

[14] Ho R (2003) On-Chip Wires: Scaling and Efficiency. PhD thesis, Stanford University

[15] Hoelzle U, Barroso LA (2009) The datacenter as a computer: an introduction to the design of warehouse-scale machines, 1st edn. Morgan and Claypool Publishers

[16] Karol M, Hluchyj M, Morgan S (1987) Input versus output queueing on a space-division packet switch. IEEE Trans Comm 35(12):1347—1356. DOI 10.1109/TCOM.1987.1096719

[17] Kim J, Dally WJ, Towles B, Gupta AK (2005) Microarchitecture of a High-Radix Router. In ISCA'05: Proceedings of the 32nd annual international symposium on computer architecture, IEEE Computer Society, pp 420—431

[18] Kim J, Dally WJ, Abts D (2006) Adaptive Routing in High-Radix Clos Network. In: SC'06

[19] Kim J, Dally WJ, Abts D (2007) Flattened butterfly: A cost-efficient topology for high-radix networks, Proceedings of the 34th annual international symposium on Computer architecture, San Diego, California, USA doi#10.1145/1250662.1250679

[20] Kim J, Dally WJ, Scott S, Abts D (2008) Technology-Driven, Highly-Scalable Dragonfly Topology, Proceedings of the 35th International Symposium on Computer Architecture, Beijing, China, pp 77—88 doi# 10.1109/ISCA.2008.19

[21] Kirman N, Kirman M, Dokania RK, Martinez JF, Apsel AB, Watkins MA, Albonesi DH (2006) Leveraging optical technology in future bus-based chip multiprocessors. In: MICRO 39 Proceedings of the 39th Annual IEEE/ACM International Symposium on Microarchitecture pp 492—503

[22] Koch BR, Fang AW, Cohen O, Bowers JE (2007) Mode-locked silicon evanescent lasers. Opt Express 15(18):11225

[23] Kogge (editor) PM (2008) Exascale computing study: technology challenges in achieving exascale systems. Tech. Rep. TR-2008-13,

University of Notre Dame

[24] Krishnamoorthy A, Ho R, Zheng X, Schwetman H, Lexau J, Koka P, Li G, Shubin I, Cunningham J (2009) The integration of silicon photonics and vlsi electronics for computing systems. In: International conference on photonics in switching, 2009. PS'09, pp 1—4. DOI 10.1109/PS.2009.5307781

[25] Lipson M (2005) Guiding, modulating, and emitting light on silicon-challenges and opportunities. J Lightwave Technol 23(12): 4222—4238

[26] Mora G, Flich J, Duato J, Lopez P, Baydal E, Lysne O (2006) Towards an efficient switch architecture for high-radix switches. In ANCS'06: Proceedings of the 2006 ACM/IEEE symposium on Architecture for networking and communications systems, New York, NY, USA, ACM, 2006, pp. 11—20.

[27] Muralimanohar N, Balasubramonian R, Jouppi N (2007) Optimizing NUCA organizations and wiring alternatives for large caches with CACTI 6.0. In Proceedings of the 40th International Symposium on Microarchitecture (MICRO-40)

[28] Palmer R, Poulton J, Dally WJ, Eyles J, Fuller AM, Greer T, Horowitz M, Kellam M, Quan F, Zarkeshvarl F (2007) Solid-State Circuits Conference. ISSCC 2007, Digest of Technical Papers. IEEE International, San Francisco, CA 440—614

[29] Scott S, Abts D, Kim J, Dally WJ (2006) The black widow high-radix Clos network. Proceedings ISCA'06 Proceedings of the 33rd annual international symposium on Computer Architecture, IEEE Computer Society, Washington, DC, USA pp 16—28

[30] Semiconductor Industries Association (2009 Edition) International technology roadmap for semiconductors. http://www.itrs.net

[31] Shacham A, Bergman K, Carloni LP (2007) On the design of a photonic network-on-chip. In: First International Symposium on Digital Object Identifier, NOCS, pp 53—64

[32] Tan MR, Rosenberg P, Yeo JS, McLaren M, Mathai S, Morris T, Kuo

HP, Straznicky J, Jouppi NP, Wang SY (2009) A high-speed optical multidrop bus for computer interconnections. IEEE Micro 29(4):62—73

[33] Vantrease D, Binkert N, Schreiber RS, Lipasti MH (2009) Light speed arbitration and flow control for nanophotonic interconnects. In: MICRO-42. 42nd Annual IEEE/ACM International Symposium on MICRO-42, pp 304—315

[34] Warren D (2011) HP Optical Backplane Demonstration, InterOp. Http://www.youtube.com/watch? v=dILsG8C6qVE

[35] Watts MR, Zortman WA, Trotter DC, Nielson GN, Luck DL, Young RW (2009) Adiabatic resonant microrings (ARMs) with directly integrated thermal microphotonics. In: Lasers and Electro-Optics, 2009 Conference on Quantum electronics and Laser Science Conference, pp 1—2

[36] Xu Q, Schmidt B, Pradhan S, Lipson M (2005) Micrometre-scale silicon electro-optic modulator. Nature 435:325—327

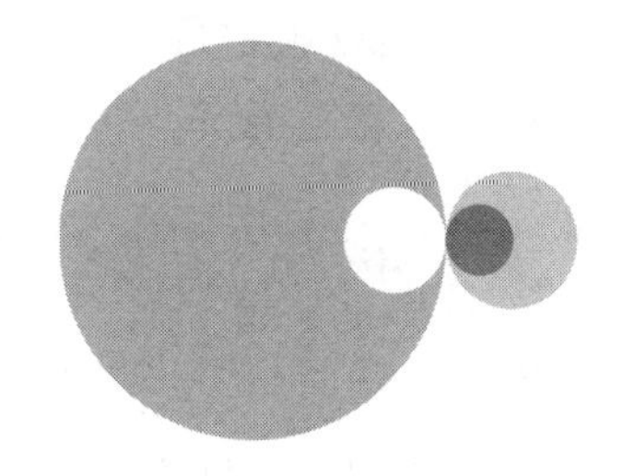

第6章 全光网络：系统的视角

6.1 引言

无论是商用数据中心(DC)，还是用于科学目的的高性能计算机(HPC)，目前正处于从传统的以计算为中心(即以CPU为中心)到以通信为中心(即以网络为中心)的深刻转变中，而计算机的互联网络则是这个转变的核心。对于计算技术，目前普遍的发展趋势是在各个层面都增加并行程度：在每个核心上运行更多的线程，在每个CPU中集成更多的核心，给每个节点配置更多的CPU，为每台机器设置更多的节点，在每个云中架设更多的机器。然而，只有在通信网络架构能够支持上述应用场景的情况下，各个层面上并行的巨大潜力才能被充分发挥出来。

本章中，“互联网络”主要指各种类型的区域网络(与之相对的是广域网)，包括：①局域网(LAN)，如以太网等；②存储网(SAN)；③集群或进程间通信(IPC)网络，包括标准的或专有的相关网络；④I/O扩展网络，如PCI Express(PCIe)等。

对于互联网络，当前的迫切需求是提高其效率、灵活性和可管理性并降低总体成本，这可以通过将不同类型的业务（LAN、SAN、IPC）整合在一个通用的共享物理基础设施上，以及采用网络资源虚拟化技术来实现，但这种融合、虚拟化的互联功能本身就对网络提出了一系列更全面、严格的要求。这里我们简要总结几个关键的要求，其中一些要求与诸如 IP 路由器中的要求存在显著的不同。

● 扩展性：互联架构应该能够以一种经济的方式支持网络规模扩展到数千个节点。对现存网络能够以增量方式进行扩展以支持更多数目的节点，可以不需要大量替换已安装的硬件设备。

● 可靠性：由于高层应用普遍对分组丢失的容忍度非常低，所以对 DC 和 HPC 的互联网络提出了非常苛刻的丢包率要求。为了达到近乎 100%可靠的目标，通常需要采用合适的链路层编码技术并结合端到端重传策略。此外，当前所有的 DC 互联网络都采用了某种形式的链路级流控策略，以避免由于缓存溢出而造成不必要的分组丢失。

● 时延：端到端时延是影响系统整体性能的一个关键因素，因为它直接决定了执行远程操作所需要付出的代价，如访问远端存储器、传递 MPI 消息或执行高速缓存行更新等。随着系统规模不断增大，端到端时延中完全由互联网络导致的时延部分会显著增长，这包括由发送端（入口）和接收端（出口）的网络接口、网络中的交换机及所有用于连接设备的电缆或光纤所产生的时延。此外，该时延也可以看成是由纯粹的渡越时间，即穿过空闲网络所花费的时间和排队时延两部分组成。典型的端到端时延要求在数微秒范围内。

● 数据速率和吞吐量：随着万兆以太网（10GE）和四倍数据速率（QDR）InfiniBand 的应用，10 Gb/s 已经成为互联网络必须支持的最低数据速率。显然，互联网络的有效吞吐量应尽可能接近 100%，特别是在网络融合和虚拟化技术预计会提高网络资源平均利用率的情况下。影响互联网络吞吐量的因素包括各种开销（线路编码、协议报头、分段）和其他一些由于拓扑结构、路由、调度、排队、竞争、拥塞、确认、重传等导致的低效传输。

6.1.1 光传输

在计算机互联应用中，与电域传输技术相比，光传输技术具有以下三个主要的优势。

功率：与电缆相比，光纤和光波导具有非常低的损耗，因而在传输距离一定的情况下需要的信号功率更小。此外，在大多数系统已采用光传输技术实现机架间互联的情况下,采用全光的方式来实现交换节点还会进一步降低所需功率,因为每一次交换都不再需要进行光/电/光(O/E/O)的变换。

数据速率:基本上,光纤和光波导对数据速率是透明的,且光纤的带宽比电缆的带宽高几个数量级。

端口密度:采用波分复用(WDM)技术可以显著增加单位距离或面积上的带宽[8],而电域并没有与之相对应的手段。另外,波导间距也明显小于导线间距。

6.1.2 互联架构

尽管在全光互联[2][12][15][16][17][22]的协议和器件方面已经开展了大量的研究工作,但研究人员对互联网络的上层组织架构仍然没有达成共识。我们的这项工作尝试着去规范制定一种通用的互联架构,其建立的基础是从当前的电互联网络中获得的经验以及以下一些基本约束前提。

(1) 虽然已取得了显著的进步,如最近利用慢光技术来实现光缓存[3],但实现成熟可用的光缓存还需要一段时间。

(2) 光学器件的集成密度仍然比电子器件的集成密度小几个数量级。

下文中将介绍一些在全光互联技术方面取得的最成功的探索研究工作,在这些研究的基础上我们设计了相应的互联网络架构,并在6.2节对该互联网络架构进行详细的描述。我们相信其中一些研究成果不仅会在我们所提出的特定架构中得到应用,还会有更广泛的用途。

1. 时分复用

可扩展、多级结构的互联网络或者依赖于复杂的调度技术[5],或者依赖于网络中存在的相对较大的缓存[6]来保证其性能。但在可预见的未来,这两种技术手段都与前述关于光器件和互联网络的基本约束前提相矛盾。

另外,在某些类型的互联网络中,如基于多级互联架构(MIN)而实现的互联网络,采用时分复用(TDM)调度技术可以实现高的网络吞吐量而不需要任何缓存。并且,如果是根据固定的TDM调度来协调安排向互联网络中发送分组,那么由于其只依赖于简单的分布式控制单元,且除了全局周期信号(时钟)之外各控制单元间不需要相互协调,因此这种方法也可扩展到大端口数的场合。实际上,对于全光互联而言,TDM调度技术是非常具有吸引力的[13][21]。

然而，这些优点也带来了巨大的代价：固定的 TDM 调度在分组交换网络中会导致不可容忍的分组时延，对用于处理器间通信的分组交换尤为严重。

2. 端到端的可靠性

在多级全光互联网络中存在着许多可能的问题，例如，当光信号通过光开关和波导交叉连接点时功率损失导致的误码等，参考文献[18]仅仅指出了一部分类似这样的问题。在传统网络中，可以采用链路级的错误检测和恢复方法处理这些随机误码的产生。但目前在光域内采用这些方法并不可行，所以我们必须采用在电域中由网络接口（适配器）实现的端到端可靠传输方案。

除了要改善互联网络面对链路误码时的鲁棒性，一个端到端的可靠传输方案还应该支持解决基于 TDM 调度技术的互联网络中存在的大时延问题，从而拓展这些互联网络的适用性。具体来说，在轻负载情况下，一种避免 TDM 调度产生大时延的方法是允许用推测式（speculative）调度来替换 TDM 调度。通过推测式调度模式发送到互联网络中的分组称为急迫（eager）分组，反之则称为 TDM 预调度（prescheduled）分组。在分布式、无协同的互联网络中，不遵循 TDM 调度规则可能会导致急迫分组之间或急迫分组和 TDM 预调度分组之间的冲突。在预调度分组按顺序同步产生的前提下，采用 TDM 调度可以避免预调度分组之间的冲突；如果它们中的一个发生延迟，如由于一个急迫分组抢占了它的时隙，就可能导致预调度分组彼此间的冲突。因此，更好的解决竞争的方法是在必要时丢弃急迫分组，使预调度分组的发送不被中断，从而保持网络的吞吐量。正如我们在这章中将要演示的，通过一种响应式、低时延、端到端的可靠传输方案，可以恢复被丢弃的急迫分组，并且保持合理的平均分组时延。

3. 最小化的交换节点

由于交换的复杂性（就数据通路和控制平面而言）随交换端口数量的增加呈超线性增长，小基数的交换开关具有明显的优势。在我们的工作中，虽然假设最小交换基数为 2，即 2×2 的交换开关，但从定性角度来看，所得到的结果也适用于较大基数交换开关的情况。注意，如果互联网络仅传输预调度分组，则交换节点不需要任何缓存。但鉴于我们也采用了推测调度向互联网络中发送分组，在存在分组冲突的情况下具备一定的存储分组的能力，可以提高网络的性能。因此，我们假设交换开关的每条输出链路都有一个最小缓存：对于一个 2×2 的交换开关,这个缓存可以通过在每个开关输出端口使用一对光纤时延线来实现[3]。

4. 多级结构的互联网络

基于我们的目标——保持小的交换基数,同时可以以经济有效的方式扩展到大量的节点,采用了对数单向多级网络(MIN)作为所设计的互联网络的基础结构。这些拓扑结构有时统称为 Delta、Banyan 或 k-ary n-fly(k 路 n 级)网络,其中网络一共包括 $n(=\log_2 N)$级,每级具有 N/k 个交换开关,每个开关具有 k 路端口。这种网络结构支持 $N=k^n$ 个终端节点,网络直径等于 $n-1$,并且网络对分比(bisection ratio)为 1。因此,利用这样的拓扑结构,我们可以使用小基数的交换开关扩展网络到支持非常多的节点数目,同时不会降低网络对分带宽,并且网络直径增加也较缓(其网络直径约为 $\log_k N$,而不是 k-ary n-meshes网络的网络直径 $\sqrt[n]{N}$)。此外,这些网络都具有自路由的特点:若将目的节点地址表示为 n 位 k 进制数,则为了交换到地址编号为 $d_{n-1}d_{n-2}\cdots d_1 d_0$ 的目的节点(其中 $0\leqslant d_i<k$),第 $n-i$ 级中的开关就建立起至其第 d_i 个输出端口的通路,即地址的每一位都用来选择对应级开关的输出通道,其中交换网络的各级从左到右按升序编号。这个特点使得这些网络中的路由算法很容易实现:目的节点地址的最高位数字用作交换网络第一级的本地路由指示,第二高位数字用作第二级的路由指示,后面各级依此类推即可。

最基本的 MIN 结构不能支持任意的非均匀业务流量。然而,我们可以利用它来实现更昂贵和更有效的网络,如 Benes 网络或负载均衡交换网络[4],从而可以针对任何允许的业务模式实现满吞吐量的交换。

6.1.3 前期工作

TDM 调度最初源自于电话网络(电路交换),近年来又以各种不同的形式应用于分组交换网络中[1][4][10][14][18][21]。在我们提出的互联网络架构中,我们利用 TDM 调度来解决多级结构互联网络固有的性能限制,而这些多级结构的互联网络没有或只具有有限的内部缓存[7][9][20]。我们研究的另一项替代技术是动态调度技术。利用这项技术也可以减小具有少量内部缓存的多级结构的互联网络的阻塞,但相对来说其需要的缓存更大且控制方案也更复杂[6]。

在参考文献[11]中,研究人员首次提出了一种思路,利用可靠的重传技术来传输由于与预调度分组冲突而被丢弃的急迫分组。我们对参考文献[11]中的想法进行了扩展，将其应用于 TDM 调度中，并且考虑了多级结构的互联网络中的端到端重传情况。此外，参考文献[11]中采用了带外发送消息的方法：在一个特殊的无损信道上发送确认消息（ACK）和否认消息（NACK）。相反，我们只考虑了带内发送 ACK 消息的情况①。这些消息通过互联网络进行发送，因此可能会丢失。在没有 NACK 消息的情况下，我们利用网络入口处适配器的重传超时信息来处理分组丢失的情况。上述问题使得推测调度更难以按预想的方式执行。尤其困难的是，采用带内发送 ACK 消息的方法导致消息发送使用的网络资源几乎增加一倍，因此导致了保证推测式调度成功所需要的网络容量的不足。为了解决这个问题，我们对重传超时时间进行动态调整，以增加背载传输 ACK 消息的成功率并减少 ACK 消息开销。

6.1.4 本章内容

6.2 节描述了我们提出的全光互联网络的拓扑结构以及所使用的调度和流控策略。我们还介绍 TDM 预调度和推测调度的概念，以及在网络中同时使用这两种调度技术时应该遵循的原则。6.3 节阐述了为保证可靠、按顺序的信息传输，所采用的基于选择性重试并可高效利用带宽的端到端可靠传输方案。6.4 节评估了所提网络架构的时延-吞吐量特性，并在 6.5 节对我们的研究进行了总结。

6.2 网络架构

整个互联网络包括诸如计算节点、服务器、存储设备等终端节点，而这些节点通过网络接口（适配器）与网络连接，且适配器实现分组的电域缓存、控制及电/光（E/O）和光/电（O/E）转换。每个适配器都有一个输入通道（从终端节点进入互联网络）和输出通道（从互联网络离开到终端节点）。适配器将从输入通道收到的电数据分组存储在多个虚输出队列（VOQ）中，并且将它们转换成光分组后发送到互联网络中。在输出通道处，适配器将从互联网络中接收到的光分组转换成电数据分组，必要时将这些数据分组进行重新排序和组装，之后将它们转发到与输出通道相连的终端节点。这里我们考虑所有节点处的时隙都是同步的，并且时隙长度等于网络链路上传输的一个定长光分组

① 由于 NACK 消息应该在光交换开关中产生，所以在我们提出的架构中并不容易实现。

的时间长度。

互联网络本身能够提供端到端的全光数据传输通道,即传输中不需要进行光/电/光(O/E/O)转换。在具有 *k*-ary *n*-fly 结构的网络中,我们选择了 Omega 网络作为基本的互联网络,其特点是网络每一级的连接关系都是均匀洗牌连接,最后一级输出端口到终端节点是直接连接,而不再有排列置换(见图 6.1)。

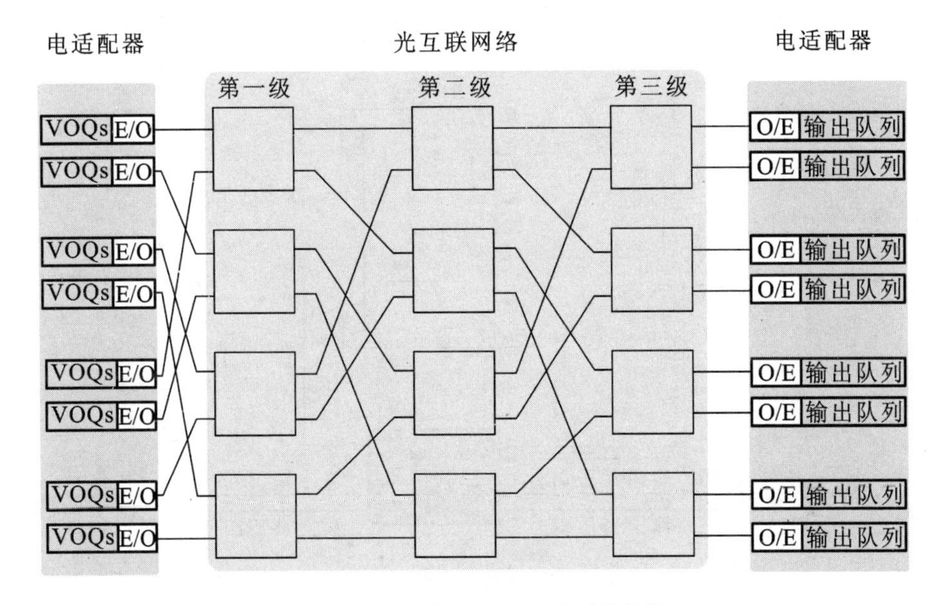

图 6.1　8×8 的 Omega 互联网络结构

如 6.1.2 小节所述,光开关单元的每个输出端口都有一对光纤时延线(FDL)作为光缓存(见图 6.2),以便更有效地处理推测调度模式下发送到互联网络中的光分组。为了防止缓存溢出,每个交换节点(开关)都会向其上游节点发送“停止”或“发送”的流控信号,以单独实现对每个 FDL 光缓存的访问控制。为了在单向多级互联结构的网络中发送这些流控信号,需要在任何一对连接的交换节点间存在反方向的通信信道。

我们对这种交换节点控制单元的电路实现进行了初步研究,发现要实现对输出链路仲裁和背压信号的处理,需要几十个双输入端口的逻辑门电路,以及几个一位锁存器用于存储每个输出端口的背压和调度(如循环等待、执行下一个服务等)状态。这种双输入端口的逻辑门和一位锁存器可以用新型的光学器件来实现,以支持光数字逻辑操作。当然,也可以使用常规的 CMOS 技术来实现这些逻辑门及锁存器。

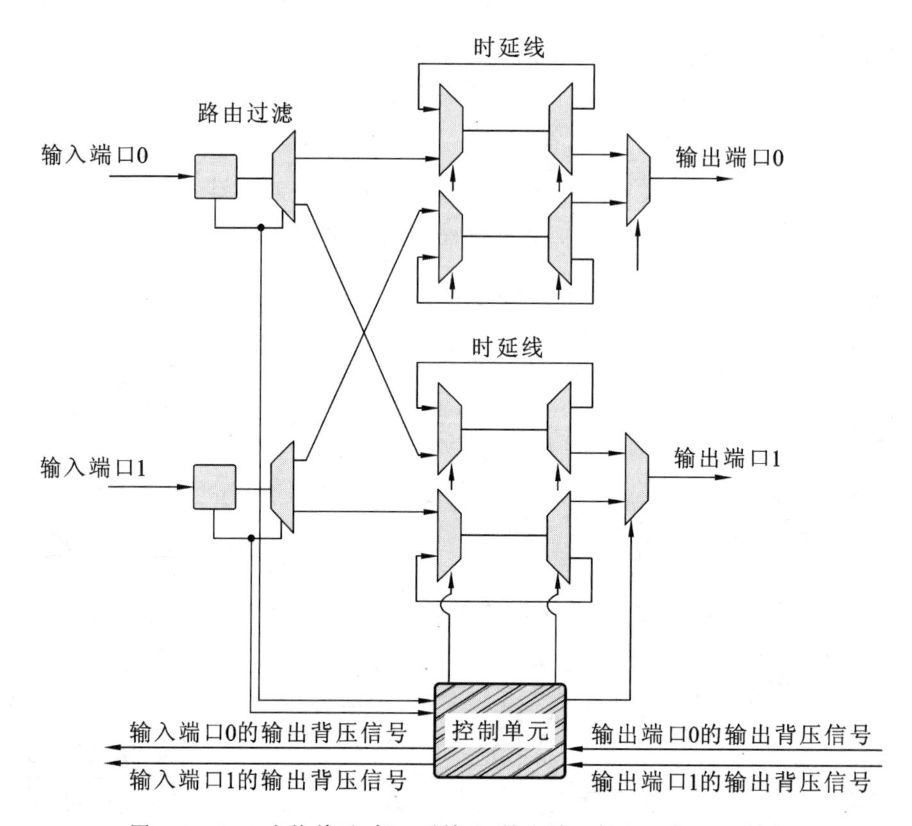

图 6.2　2×2 交换单元，每一对输入/输出端口都有一个 FDL 缓存

图 6.3(a)显示了在均匀随机业务和不同网络规模情况下，这种有缓存不丢包的 Omega 网络(这种网络及其性能作为后文中各种网络及性能比较的基准)的平均分组时延随网络业务负载的变化关系①。在网络规模 $N=32$ 的情况下，网络的最大吞吐量约为总容量的 60%，而当 $N=256$ 时，网络的最大吞吐量下降到总容量的 50%左右。因此，在无丢包的网络中，一旦输入的业务负载超过网络的最大吞吐量，分组就开始在 VOQ 中堆积。

这种现象启发了我们如何去表征和理解忽略流控信号情况下光网络的性能。在存在丢包的网络中，分组永远不会发生阻塞，当缓存被填满时分组就会被丢弃。图 6.3(b)中对有丢包和无丢包(比较基准)情况下网络的吞吐量进行了比较。由图可见，与响应流控信号相比，忽略流控信号导致了更差的网络吞吐量。注意，在这个实验中我们没有恢复丢弃的数据分组。

① 仿真模型及参数在 6.4 节中介绍。

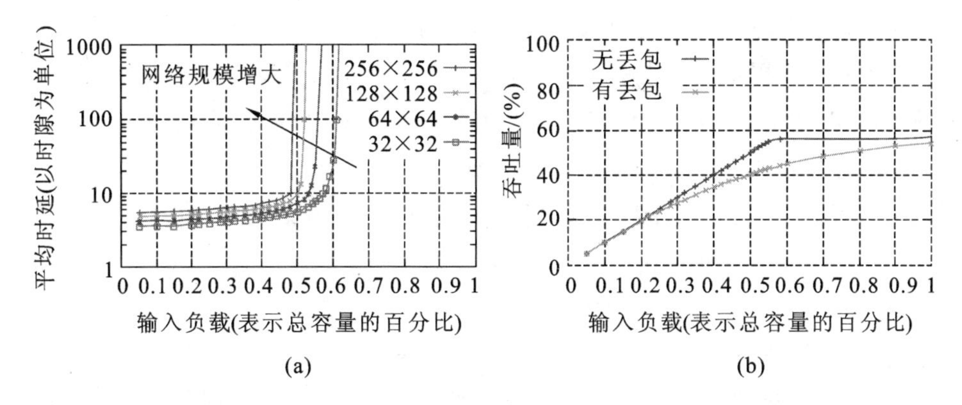

图 6.3　Omega 互联网络的吞吐量及时延特性

6.2.1　TDM 预调度发送分组

根据 TDM 调度向互联网络中发送光分组的工作流程如下：每个时隙都有一组预调度流（即 VOQ）可以向网络中发送一个光分组。每组流中，每个源节点或目的节点都只出现一次。因此，每组流中源-目的对本质上是一个完全的二分图匹配，其特点是可以被表征为所有节点的一个循环置换序列。当预调度 VOQ 中存在分组时，相应的源适配器就将 VOQ 的队首分组（HOL）发送进网络；否则，源适配器保持空闲状态。

为了确保 Omega 网络中预调度数据分组间不发生冲突，我们利用了 Omega 网络的一个特性，即当分组的目的节点顺序是循环置换序列（即以 N 为模进行循环置换时，其目的节点地址是单调增加的[10]）中任何一种时，Omega 网络都可以实现无冲突的分组交换传输。图 6.4 描述了 $N=4$ 的情况下不发生分组传输冲突的目的节点的四种循环置换序列，这实际上是一个置换的四次不同循环位移情况。这种基于静态循环置换的模式已经被用于 Crossbar 的交换调度[21]、Clos 网络[19]和负载均衡交换[4]中。

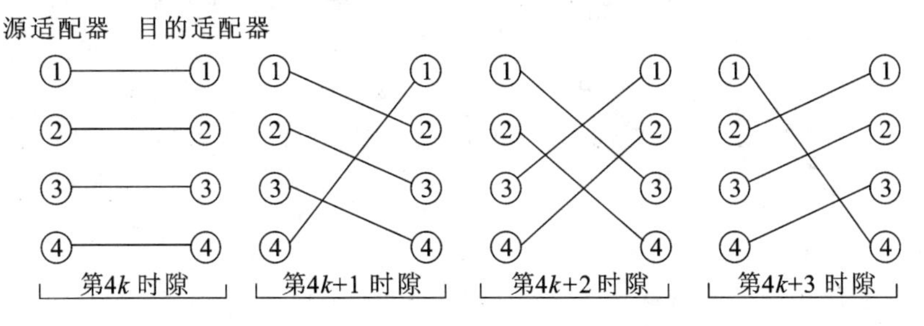

图 6.4　4×4 网络中预调度流的四种循环置换序列

在给定上述 N 个可实现无冲突传输的源-目的循环置换序列的情况下，我们必须考虑应用它们的顺序。这里我们考虑一个固定重复的循环置换序列的情况，即对任意一对源-目的，每 N 个时隙访问一次。该循环置换序列适用于业务均匀分布且业务流的到达速率不超过 $1/N$ 的情况[①]。图 6.4 实际显示了 $N=4$ 情况下所选择的循环置换序列。一般的，对于任意的网络规模 N，在时隙 t，与源节点 i 对应的目地节点编号为 $(t+i)$ 对 N 取模。

图 6.5 中的数据显示，对于 64×64 的 Omega 网络，无 TDM 预调度情况下网络（比较基准）的饱和吞吐量是网络容量的 58%，而在有预调度情况下可达到 100% 的网络容量。但不利的是，预调度也会使得轻负载时的分组传输时延增加约 31 个时隙。这一点符合以下结论，即轻负载情况下，对于采用了预调度、规模为 N 的网络，分组的最大时延等于 $N-1$ 个时隙，平均时延约为 $\frac{N}{2}$ 个时隙。实际上，若分组到达服从独立同分布的均匀伯努利分布，对于 $\lambda<1$ 的任意负载，平均分组时延可以通过下式来估计[23]：

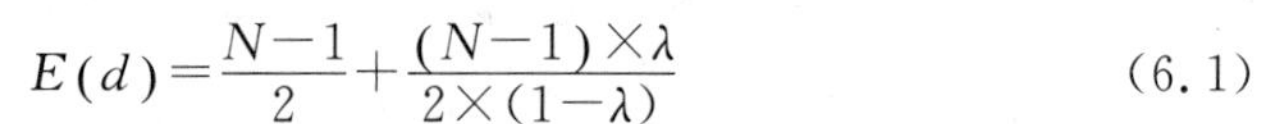

$$E(d)=\frac{N-1}{2}+\frac{(N-1)\times\lambda}{2\times(1-\lambda)} \tag{6.1}$$

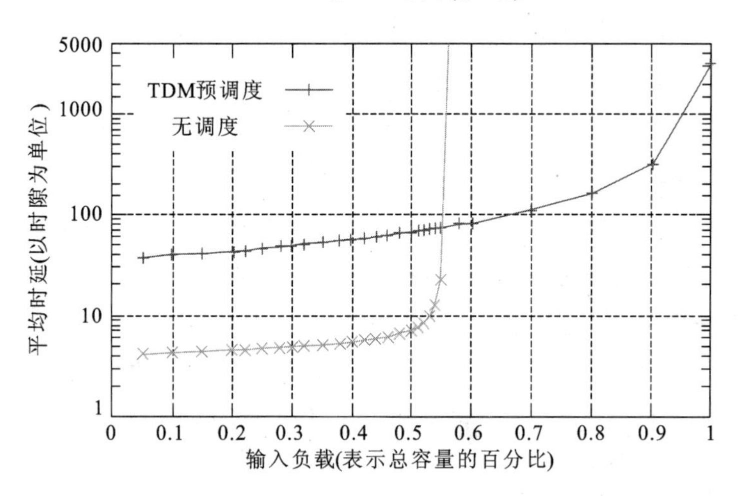

图 6.5　有无预调度情况下 64×64 的 Omega 网络中分组时延与网络负载的变化关系（无预调度情况时的结果作为比较基准）

① 我们将此研究限制在均匀业务的情况。由于内部冲突，Omega 网络本质上不可能传输所有可能的非均匀业务。原则上，其他循环排列方式都是可能的，所应用的循环排列方式也可以动态地改变。

6.2.2 推测调度发送分组

我们可以允许节点适配器在轻负载情况下以推测调度模式将非空VOQ中的分组发送到互联网络，而不必等到指定的预调度时隙，从而消除预调度导致的较大的分组时延。当网络不存在内部竞争时，推测调度模式还允许持续流占用链路的全部带宽。在本章中，我们把采用推测调度发送到网络中的分组称为急迫分组。

轻网络负载情况下，我们预计几乎所有发送到网络中的数据分组都是急迫分组。当网络负载增加到接近饱和时，流控机制开始阻止急迫分组进入网络，将它们推回到所属的VOQ中。因此，节点适配器将开始发现预调度的VOQ是非空的，此时进入网络的分组更多的将会是预调度分组。由于急迫分组和预调度分组可能同时并存于网络中，我们需要考虑的是它们应该如何相互作用。

当预调度分组和急迫分组之间发生竞争时，预调度分组总是优先以维持预调度流间的无冲突特性，毕竟强制预调度分组等待，可能会导致其在下一个时隙中与另一个不同源-目的预调度分组发生冲突。类似地，如果对预调度分组和急迫分组都采用相同的流控机制，则缓存中急迫分组可能会阻止预调度分组的正常发送。我们通过修改流控机制，允许预调度分组覆写缓存中的急迫分组，从而消除了这种阻塞情况。一方面，当缓存被急迫分组占据时，流控机制会阻止急迫分组而不是预调度分组进入缓存，从而可以继续处理预调度分组并覆写缓存中的急迫分组。另一方面，因为预调度分组不会被覆写，所以它可能会阻塞所有分组，无论是否是急迫分组。由于这个原因，每个缓存的流控信号中都有一个额外的比特，用以指示这个信号是由急迫分组还是预调度分组产生的。

在节点适配器及光交换机中，预调度分组比急迫分组具有严格的高优先级，因此由急迫分组导致的停止发送信号会被忽略。这带来的主要问题就是网络中可能出现急迫分组被丢弃的情况。此外，如果预调度分组持续不断地使用其目标输出端口，则急迫分组可能不得不无限期地等待，从而进入“饿死”状态。这些问题可以利用6.3节中描述的可靠传送机制来克服。

当一个刚刚覆写了急迫分组的预调度分组从网络的缓存中离开时，将产生相应的流控信号以释放其占用的链路，这就可能触发上游适配器中正等待的新的急迫分组的发送。在网络负载较大的情况下，这些急迫分组很可能被丢弃。为了阻止这种意外的发生，源适配器在其积压分组达到或超过阈值 TH_{pre} 的情况下就不能采用推测调度方式向网络中发送急迫分组。当有大量分组在适配器处排队时，该阈值可以有效地阻止在高负载情况下向网络中发送急迫分组。

一方面，若阈值 TH_{pre} 设置得太低，则会减少在轻负载情况下急迫分组的发送，从而削弱了推测调度可减少分组时延的优势。另一方面，若阈值 TH_{pre} 设置得过高，则可能在网络负载接近或超过饱和点（上文中作为比较基准的网络的负载数据）时允许太多的急迫分组进入网络，从而产生大量的分组丢弃并因此导致网络吞吐量降低。

6.3 端到端的可靠分组传送

为了评估推测调度方法的性能，我们设计了一个基于选择性重试的端到端可靠传送方案。我们采用选择性重试，而不是更简便的返回 N 帧(Go-Back-N)替代方案，主要是为了不必因某一个急迫分组被丢弃而要对其他那些已成功发送的分组进行重传。然而，我们也努力使协议简单，并使实现这些功能所需的硬件最少。本节中，我们将阐述这个方案的工作流程，以及一些有趣功能，读者也可以根据参考文献[24]来了解关于可靠数据分组传送方案其他方面的一些细节。

图 6.6 描述了在网络终端节点适配器中实现上述方案的基本步骤。为了限制发往每个目的节点且未收到确认消息分组（即那些等待 ACK 消息的分组）的数量，发送端的适配器要维护两个变量：下一个即将发送的分组的序列标签（进入网络的每个分组都分配一个），以及期望要收到的 ACK 消息的标签，即最早被发送的待确认分组的标签（此分组被最早发送）。如果两个标签值的差为 W 或更大，则发送端的适配器就不能向相应的目的节点发送新分组。对于每个目的节点，发送端适配器都需要最多达 W 的缓存空间，用于缓存发往此目的节点的未收到确认消息的分组，并且目的节点适配器也需要针对每个源节点都有一个最多达 W 个分组的缓存空间，用于对收到的分组进行重新排序。这里，分组以 $2W$ 为模循环编号。

发送端源适配器将一个序列号添加在每个发送到网络中的分组的头部。序列号是针对每条流定义的，用于标识丢失、乱序和重复的分组。在等待相应的 ACK 消息时，源适配器还要保留一个已发送分组的备份。如果在

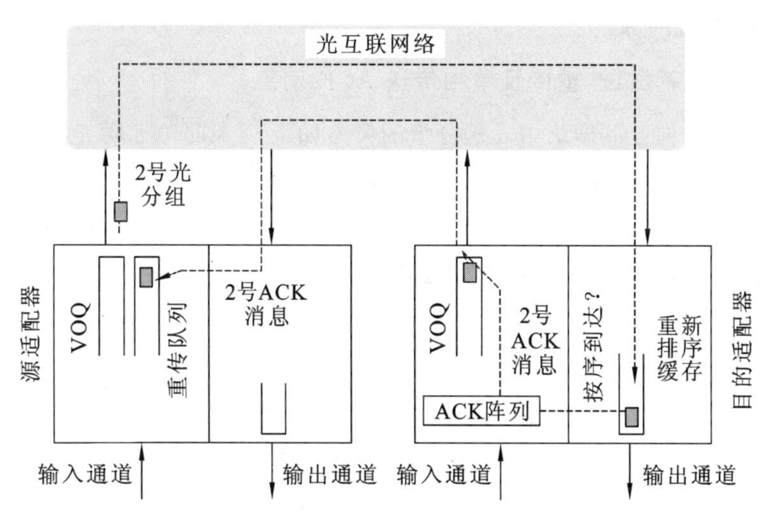

图 6.6　ACK 消息的发送

预定的时间段内没有收到该分组的 ACK 消息,则将产生超时信号并重传这个分组。

目的节点适配器生成 ACK 消息,其中含有最新按序到达分组的标签信息①。ACK 消息首先被发送到目的节点适配器的输入通道,在那里它们被存储在与每条流相对应的 ACK 阵列中,等待通过网络发送到源适配器的输出通道。ACK 消息可以被独立发送,或者背载在沿反向路径(即从目的节点到源节点)传输的分组的载荷中。

我们不用推测调度模式来进行分组重传,以确保大多数情况下能够成功地实现重传。为了处理可能由设备或链路错误导致的预调度分组的意外丢失,预调度分组也要等待传输成功的确认。因此,如果一个重传分组的 ACK 消息丢失或发生严重延时,则可能重传这个分组。

此外,在只有单条传输路径的互联网络中,重传时仅采用预调度模式有助于避免出现"饿死"现象:如果急迫分组在网络中等待太久,则源适配器处将产生传输超时并重传该分组。采用预调度模式发送的重传分组将沿着与原分组相同的路径传输,从而可以在途中将长时间等待的原分组覆写,并最终抵达目的地。在存在多条传输路径的互联网络中,重传时可以使用定时器,从而丢弃

① 此标签数值等于下一个待发送分组的标签值减 1 后对 $2W$ 取模。

等待时间过长的分组。

6.3.1 新发送、重传及单独传送 ACK 消息

从 VOQ 向互联网络中发送分组的策略如下[①]：在时隙 t，源适配器 i 首先选择一个预调度流，其编号为$(t+i)$对 N 取模，如果这个待传输的流中有正常分组，即尚未被发送到网络的分组或等待重传的分组，则从这个流中选择分组发送到网络中。否则，如果源适配器中累计的分组积压参数 B 低于阈值 TH_{pre}，则轮询各个待传输流来搜索需要发送到网络中的急迫分组。注意，积压参数 B 为 VOQ 中正常分组的数目加上等待重传分组的数目[②]。

在一个确定的流中，可以发送到互联网络中的分组有三种：①属于该流的 VOQ 中的分组；②等待重传的分组；③反向传输流的单独 ACK 消息分组。当一个流被选定后，首先适配器就要从这个流中选择将发送到网络中的分组。重传分组具有最高的优先级（仅采用预调度模式输入网络）。其次是相应 VOQ 中的队首分组，最后是单独 ACK 消息分组。单独 ACK 消息分组既可以采用预调度模式发送，也可以采用推测模式发送，实际选择时采用可将分组最先发送出去的模式[③]。

6.3.2 减小 ACK 消息的开销

采用带内传输 ACK 消息的方式会占用网络带宽。由于网络是以时隙的方式分配带宽，所以必须给单独 ACK 消息和有效载荷分组分配同样大小的时隙，结果导致情况变得更糟。如果不背载传输 ACK 消息，每个有效载荷分组中就只有一个 ACK 消息，结果导致网络的负载加倍。采用背载传输 ACK 消息的策略可以减少 ACK 消息传输所占用的网络带宽，但其有效性取决于反方向传输业务的情况。网络负载较轻时，可以预料到会有很多单独 ACK 消息需要传输。即使网络具有传输这些消息的能力，但由于传输这些单独 ACK 消息导致的网络负载增加可能会减少以推测模式发送分组的机会，从而导致分组时延的增大。为了消除这种影响，我们采用了累积 ACK 消息的方法，减少了需要从目的端回送到源端的 ACK 消息的数量，即我们推迟了单独 ACK 消息

---

① 这是我们在仿真分析时采用的发送策略，6.4.4 小节中描述了一个略有改进的版本。

② 不是所有未得到传输成功确认的分组都计算在积压参数 B 中，只有那些在源适配器处将要重传的分组计算在内。

③ 因为任何从源 s 输入网络并发送到目的 d 的分组，都可以为 d→s 的反向流背载传输 ACK 消息，所以 ACK 消息的优先级最低。

的产生以充分发挥背载传输带来的好处[24]。

1. ACK消息的格式及含义

利用ACK消息,目的节点把从一个给定源节点正确接收到的最后一个顺序到达分组的标签 y 传送回源节点。假设当源节点接收到该ACK消息时,它预期承载在此ACK消息中的标签是 x。如果 $(y-x) \bmod 2W \geqslant W$,则认为接收到了重复的ACK消息。否则,源节点就知道目的节点已正确地接收到了在区间 $[x,y]$ 中的所有分组。因此,通过ACK消息合并,传送单个分组标签就可以确认多达 W 个分组的正确接收[24]。注意,每个流ACK消息的合并是这些消息在ACK阵列中等待时发生的。

当只有ACK消息合并时,源节点适配器不会知道任何目的节点处分组无序到达的情况。在只存在单条传输路径的互联网络中,如Omega网络,我们可以采用下面的方式来优化对上述问题的处理。除了传送最后一个按顺序接收分组的标签 y,每个ACK消息还传送目的节点接收到的第一个(如果存在)无序到达分组的标签 z,这就使得源节点能够尽早在间隔 $[y+1,z-1]$ 中进行所有未确认分组的重传,而不必等待到发生超时后才进行重传。

2. 单独ACK消息的产生

对于一个给定的从源节点到目的节点(s→d)的流,目的节点在所有反向传输(d→s)的分组中都会背载传输ACK消息。一方面,利用这种方法,如果ACK消息在网络内部发生丢失,其可以由随后反向传输的分组自动恢复。另一方面,这种方法可能会产生大量重复的ACK消息,但是由于这些重复的ACK消息采用了背载传输方式,所以不会影响网络的负载状况。

我们观察到一个有趣的现象,目的节点可以等待一段时间后再生成单独ACK消息[24],等待的时间与源节点处的超时周期相关。这样做带来的好处是,在等待期间可能就会有需要反向传输的业务输入,从而实现ACK消息的背载传输。此外,在目的节点处的等待,还有利于将在超时窗口内到达该目的节点的同一个流的若干分组的ACK消息合并成一个ACK消息。

如图6.7所示,假设源节点适配器在 t_0 时刻向互联网络中输入分组 p,则其将在 t_0+T_{T0} 时刻重传该分组,其中 T_{T0} 是超时周期。假设 D_{net} 是任一方向上分组在两个适配器之间传输所经历的时延,则直到 $t_0+T_{T0}-2D_{net}$ 时刻,目的节点都可以放心地推迟发送ACK消息。通过这种方式,目的节点等待尽可能多的时间以从背载传输和ACK消息合并中获益,同时还确保源节点适配器在相应的超时产生前接收到 ACK 消息。这样,我们可以推迟一段时间 T_{defer} 后发送单独的 ACK 消息,其中:

$$T_{defer}=T_{T0}-2D_{net} \tag{6.2}$$

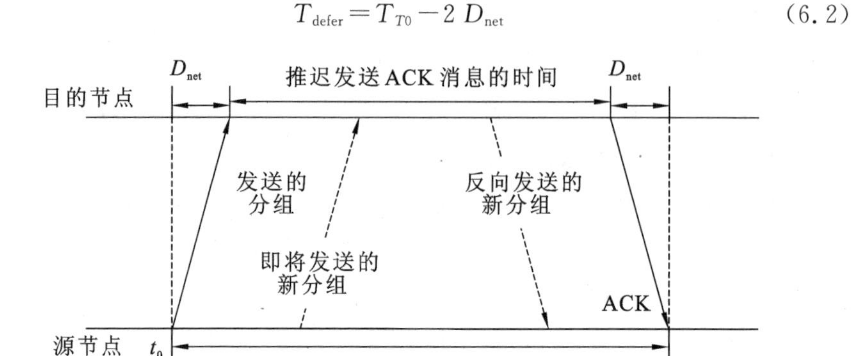

图 6.7　目的节点推迟发送 ACK 消息

显然,这种方法中,较大的超时周期意味着 ACK 消息发送的延迟时间可以更大,因而有助于降低 ACK 开销。然而,增大超时周期也使得发现和重传丢失分组所需时间增加。此外,较大的超时周期会增加正在传输中的分组数目,因此接收端需要较大的缓存空间。

我们采用自适应的 ACK 消息生成延迟来折中处理上述矛盾。适配器对来自每个连接的连续分组到达间隔的平均值进行估计,然后根据反向连接的情况来增加或减小生成单独 ACK 消息的延迟时间。此外,还把新的延迟时间告知相应的源节点适配器,使得后者可以利用公式(6.2)更新其超时周期。

作为一个特例,我们考虑两个适配器 A 和 B 间经由连接 c(A→B)和 c'(B→A)的通信。下面的自适应超时调整算法描述了适配器 B 如何更新连接 c 中的 T_{T0},然后利用公式(6.2)更新 T_{defer}。算法中我们用 μ 表示适配器 B 处属于连接 c' 的分组的平均到达时间间隔,并且认为连接 c 的超时周期在[T_{min},T_{max}]范围内。注意,k 是应用于 μ 的比例因子常数。

算法 1　自适应超时调整算法

```
if(k×μ+2×D_net<T_min)then
  T_TO=T_min;
else
  if(k×μ+2×D_net>T_max)then
    T_TO=T_max;
```

```
    else
      T_TO = k × μ + 2 × D_net;
    end if
  end if
```

注意，每次我们都在从连接 c' 接收到新分组的时刻 t 使用指数滑动平均法更新 μ 值。假设在时刻 t_{prev} 接收到了来自 c' 的最后一个分组，则当在时刻 t 接收到新分组时，将 μ 按如下方式更新：

$$\mu=\alpha\times(t-t_{prev})+(1-\alpha)\times\mu \tag{6.3}$$

上式中参数 α 是一个[0,1]区间内的常数。如果反向连接突然失效，则 μ 可能会错误地设置为一个小数值。因此，如果在时刻 t 更新超时周期之前，适配器发现 $t-t_{prev}\gg\mu$，则将 T_{T0} 设置成 T_{max}。

6.3.3 重传计时器

源节点适配器在每次向互联网络中发送新数据分组时，都需要为其相应设定一个超时等待事件。由于每个适配器可能具有多达 $N\times W$ 个等待传输成功确认的分组，因此这种做法通常需要维护大量的定时器。本文中，每个适配器我们只使用了 N 个定时器，基本上每个 VOQ 使用一个定时器。

当发往目的节点的 VOQ 中不存在等待传输成功确认的分组时，相应的定时器处于空闲状态。当向网络中发送第一个分组时，定时器的计时长度被设定为超时周期，所发送分组的标签存储在一个变量中，并将超时等待事件与该特定分组绑定。如果在定时器设定状态时有来自同一连接的另一个数据分组发送到网络中，则不会设定新的超时事件。当定时器计时结束或接收到当前与其相关联分组的 ACK 消息时，适配器从相同连接中搜索下一个等待传输成功确认的分组（如果存在），并将定时器与之关联。然后，定时器的计时长度被设定为新超时周期。这种方案节省了大量的资源，但代价是判定超时时间的精度较低。在最坏情况下，如果来自相同连接的一个分组的前 $W-1$ 个较早发送的分组先收到超时信号，则这个分组的超时产生时间可能会被延迟 $W-1$ 个超时周期。

6.4 仿真评估

我们使用事件驱动模拟器为所提出的互联网络建立了一个仿真模型。在仿真中，我们假设每个适配器都有一个有限的缓存空间，可缓存 4096 个分组，并被所有 VOQ 共享。分组发送窗口大小设置为 128 个数据分组。因此，在其输入通道处，每个适配器都额外需要一个可存储 $128N$ 个分组的缓存空间以存储等待传输成功确认的分组。在其输出通道处，需要另一个存储 $128N$ 个分组的缓存空间以存储无序到达的分组。仿真中，我们在所有输入端口处都使用了均匀分布的随机业务(Bernoulli)模型。除非特别指出，否则 TH_{pre} 默认被设置为 24 个分组，并且 $N=128$(针对 7 级交换结构)。在每个交换开关或适配器节点处，分组都有大约半个时隙的固定时延，在 $N=128$ 的情况下这导致了约 4 个时隙的渡越时间。允许的超时周期 T_{T0} 的范围是 100～1000 个时隙，与其动态自适应调整相关的 k 和 α 参数分别被设置为 5 和 0.9。网络时延的估计值 D_{net} 被设置为 30 个时隙。

6.4.1　重传的影响

图 6.8(a)、(b)所示的是参数不同的五个网络中平均分组时延和网络吞吐量随网络负载变化的曲线。

五个网络分别描述如下。

- 网络 1:没有采用预调度或推测调度的无丢包 Omega 网络，作为以下网络性能比较的基准。
- 网络 2:仅采用预调度的网络，没有采用推测调度。
- 网络 3:采用预调度和推测调度，但没有重传机制。
- 网络 4:采用预调度和推测调度，并且重传被丢弃的分组，且采用带外传输 ACK 消息的方式。
- 网络 5:采用预调度和推测调度，并且采用带内传输 ACK 消息的方式，与数据分组共享带宽。

网络 1 不能承受高的网络负载，并且负载较轻时分组时延较小，而网络 2 的特性则刚好相反。在可允许的负载情况下，网络 3 至网络 5 都可提供小的时延，并且在需要时可切换到采用预调度模式以实现高的网络吞吐量，转换时每个网络都表现出不同的特性。

对于与图 6.8 中同样的网络，图 6.9(a)显示了发送到网络中的急迫分组数与总输入分组数之比。在没有可靠传送机制的情况下，发送到网络中的分组在更宽的负载范围内主要是急迫分组，因为此时不会有重传或 ACK 消息带来的带宽消耗。然而，如图 6.8(b)所示，在中等负载情况下，当急迫分组和预

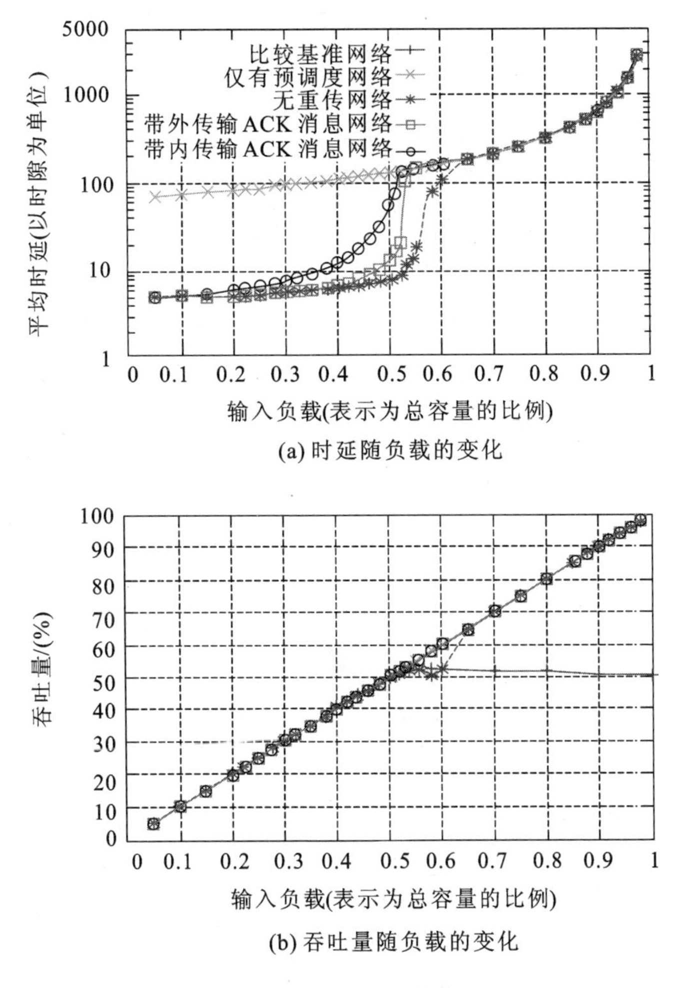

(a) 时延随负载的变化

(b) 吞吐量随负载的变化

图 6.8　五个不同网络的时延和吞吐量性能($N=128$,$TH_{pre}=24$)

调度分组在网络中共存时,不重传被丢弃的急迫分组导致了网络吞吐量的下降。最后,图 6.9(b)绘制了不同网络中的丢包率随网络负载变化的情况。

在采用带外传送 ACK 消息的情况下,转换到预调度模式后网络的性能是比较理想的:如图 6.8(a)所示,直到网络负载达到饱和点前,网络 4 的时延曲线一直与网络 1(比较基准)的时延曲线基本重合,之后则是与网络 2(仅采用预先调度)的时延曲线保持一致。采用带内传送 ACK 消息的情况下,网络 5 也表现出非常相似的性能。唯一显著的差别是在切换到预调度模式之前,会恢复偶尔丢失的分组,从而导致了分组时延的增加。

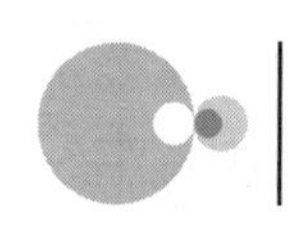

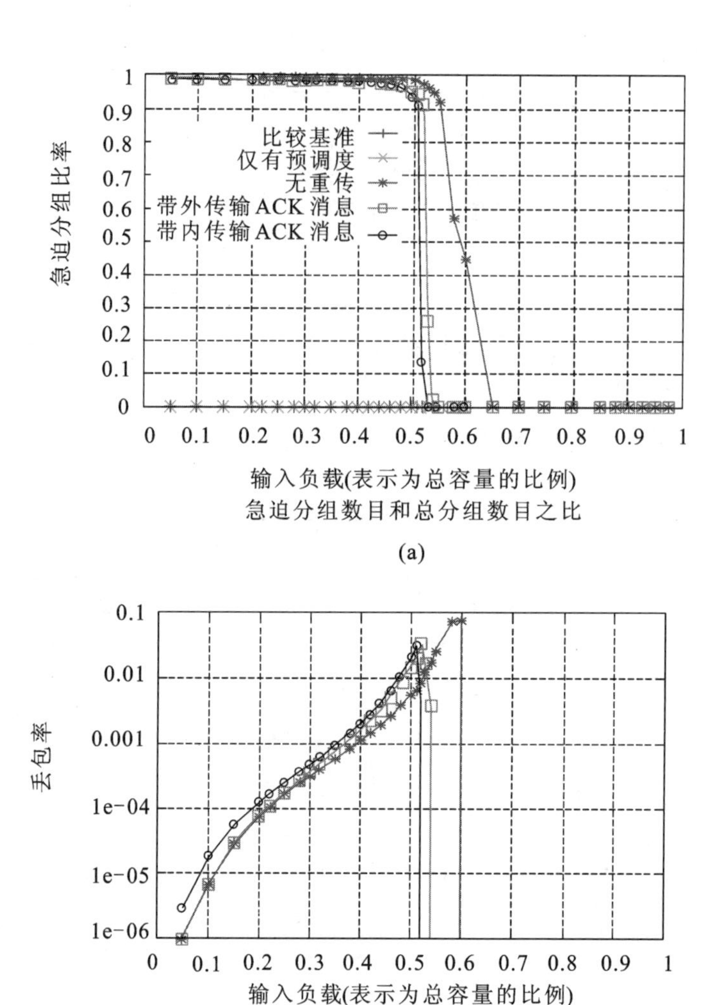

图 6.9　不同网络中急迫分组的比率及分组的丢包率($N=128$,$TH_{pre}=24$)

6.4.2　ACK 消息的开销

图 6.10 比较了采用不同的 ACK 消息发送策略下网络的传输性能。这些策略包括:①背载传输所有 ACK 消息(没有单独 ACK 消息分组);②尽快发送单独 ACK 消息(ASAP),即不定时发送 ACK 消息;③推迟发送 ACK 消息,即如果没有背载传输 ACK 消息的机会,则使用自适应定时器来触发单独 ACK 消息的发送。图 6.10(a)所示的结果表明,仅采用背载传输 ACK 消息的策略 1 的性能最差,因为提供背载传输机会的反向传输的分组可能不会很快出现,

导致源节点不必要地重传相应的分组。网络负载在 0.05～0.15 的范围时，在采用策略 1 的情况下，实际上分组时延随着负载的增加而减小，这是因为尽管负载增加会导致分组冲突竞争上升，但相对而言，背载传输增多以及由此导致的不必要重传减少所带来的时延性能改善更为显著。这可从图 6.10(b)所示的结果得到验证。图中显示，如果不允许发送单独 ACK 消息(策略 1)，则源节点会以比输入负载高得多的有效速率向网络中发送分组，这说明了在相应的 ACK 消息被背载传输之前，就可能发生了由相同分组引发的不必要的多次超时重传。结果是导致了网络负载的增加，源节点切换到预调度模式来发送分组。

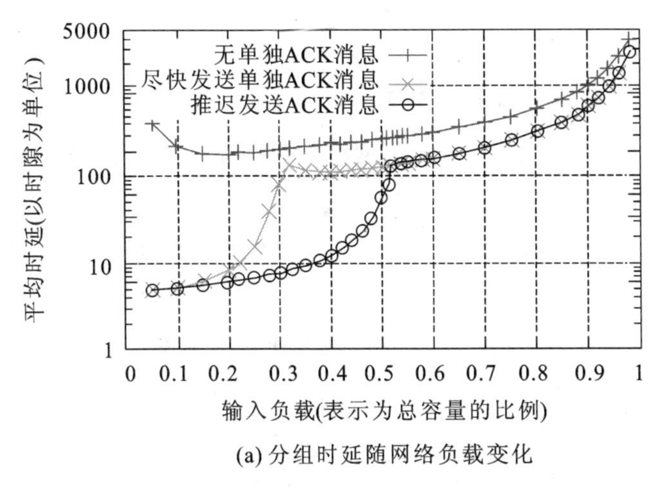

(a) 分组时延随网络负载变化

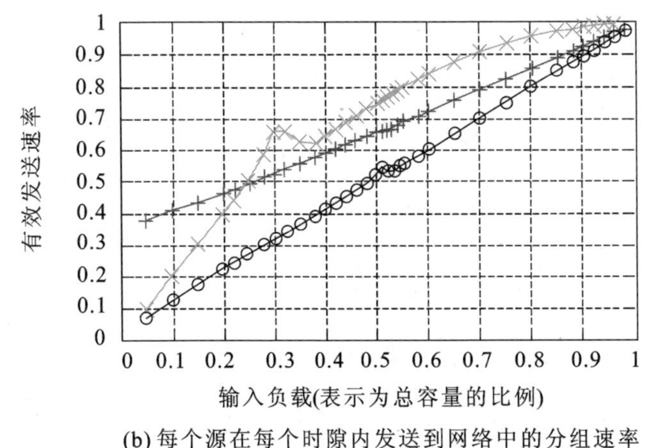

(b) 每个源在每个时隙内发送到网络中的分组速率(包括数据分组和单独ACK分组)随网络负载变化

图 6.10 单独 ACK 消息产生策略的性能比较($N=128$，$TH_{pre}=24$)

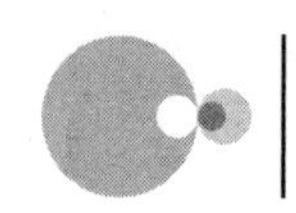

当允许发送单独 ACK 消息时，发生不必要重传的现象会减少，但是多增加 ACK 消息带来的代价则有可能导致网络节点的发送转换到预调度模式。图 6.10(b)显示了这种代价。在即刻生成 ACK 消息的情况下(策略 2)，分组的有效发送速率几乎翻倍。当网络负载高于 0.25 时，采用该策略情况下的总有效分组发送速率最高。

到目前为止，采用推迟发送 ACK 消息的策略 3 具有最好的性能。它大大减少了发送单独 ACK 消息所带来的代价，同时消除了由于背载传输时延可能导致的不必要的重传。因此，采用本文提出的将推测调度和预调度相结合的方法，并结合优化的端到端重传和确认方案，可以显著增强低成本 Omega 网络的性能。

6.4.3 不同网络规模的影响

图 6.11 中，我们绘制了在不同网络规模情况下的时延-吞吐量性能，其中网络规模在 32×32～256×256 的范围内。对于 N＝32、64、128 和 256 的情况，阈值 TH_{pre} 分别为 12、24、24 和 36。其他结果表明，最佳 TH_{pre} 随网络规模的增加而增加。对于每种网络规模，图 6.11 表明从推测调度模式到预调度模式的转换都发生在网络负载非常接近作为比较基准网络的负载饱和点，并且随着网络规模的增加而增大。此外，随着网络规模 N 的增加，延迟时间改善的绝对值也随之增加。

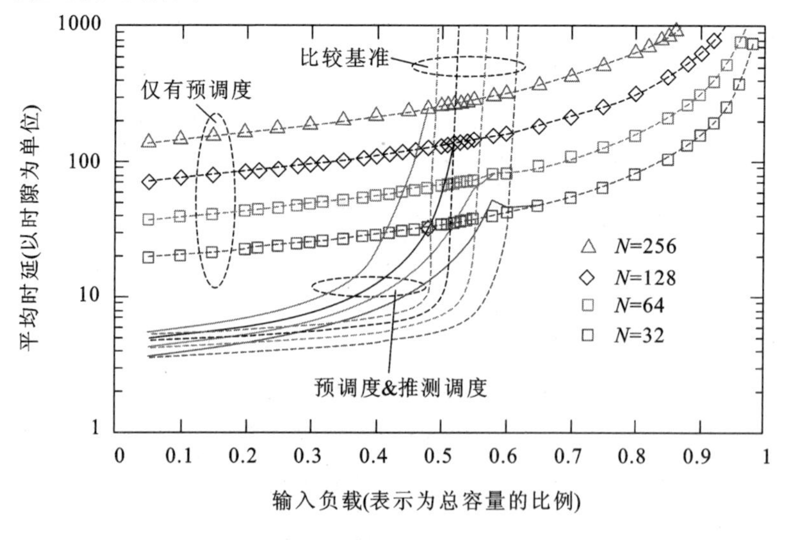

图 6.11　不同网络规模情况下分组时延与网络输入负载的关系

虽然平均分组时延保持在比较低的水平,但我们可以看到,发生丢弃并且被重传的分组会经历非常大的时延,尤其是在大量的急迫分组与预调度分组共存的调度发送模式的转换点附近。这些大的时延归结于我们为减少 ACK 消息开销而使用了相对较大的超时周期。

6.4.4 置换业务

在均匀业务情况下,采用预调度模式会获得良好的网络性能,但在定向业务的情况下其效率非常低下,这是由于此种情况下每 N 个时隙只访问一次连接。采用推测调度(发送到网络中的分组都是急迫分组)则可以改善这种低效率的状况。在下面的实验中,我们将窗口大小设置为 512,并考虑置换业务的情况。这种情况下每个适配器 i 仅向编号为$(i+1) \bmod N$ 的适配器发送变化的负载λ。注意,由于这种置换是单调变化的,因此可以很容易地通过 Omega 网络传送。

图 6.12 中,我们绘制了前述采用不同策略的网络可承载的最大网络负载λ,如输入端的分组积压能保持在一定范围内的负载。由图可见,在这种单调置换业务情况下,因为网络中不存在竞争,网络 1(比较基准)可达到 100%的吞吐量。另一方面,在 $N=64$ 的情况下,仅采用预调度发送模式,网络(网络 2)不能维持大于 $1/N$(约 1.6%)的负载,而将预调度与推测调度相结合的网络可以达到最大负载约 33%的水平。

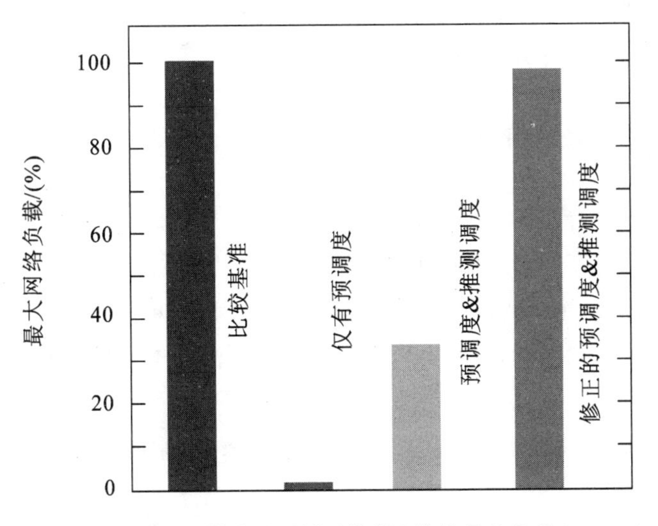

图 6.12　置换业务模式下不同网络所允许的最大负载($N=64$)

仔细检查后发现，结合预调度与推测调度的策略具有相对较差的性能，这是由于发送方式导致的。为了在置换业务模式下保持线速的分组发送，大多数发送到网络中的分组都是急迫分组。然而，在满负载情况下，发送分组的方式是每 N 个时隙使用一次预调度模式。数据不会彼此冲突，这应该不是问题，但实际上会对带内 ACK 消息发送产生干扰。在模拟仿真中，我们观察到了由于与预调度分组的冲突而丢弃 ACK 消息的情况，这触发了 ACK 消息的重传。由于使用预调度模式进行重传，它们可以覆写其他 ACK 消息，因此导致了更多的重传，从而形成破坏性的正反馈循环。由于这种方式产生了大量的积压，当网络负载大于最大负载的 33%时，网络就突然转换到预调度模式。

对发送分组的方式进行以下修改可以解决性能问题。其基本思想是在轻负载时尽可能避免用预调度模式发送分组，以防止急迫分组，并且最重要的是在置换业务情况下的急迫分组的 ACK 消息被覆写。正如在 6.3.1 小节中所述，重传分组总是使用预调度模式发送并且具有高的优先级。然而，如果不能采用预调度模式进行分组重传，并且 $B < \mathrm{TH}_{\mathrm{pre}}$，则即使分组来自预调度 VOQ，适配器也可以仅采用推测调度来发送急迫分组。特别地，适配器会首先检查它是否能够把预调度 VOQ 中的分组用推测调度模式发送到网络中[①]。如果预调度 VOQ 为空或不允许，则适配器轮询剩余的流采用推测模式进行分组发送。从图 6.12 可以看出，在置换业务情况下，采用修改后策略发送分组的速率可达线速的 98%。其他结果也表明，在均匀业务情况下，它也具有和最初始的发送策略一样好的性能。

6.5 结论及未来工作

本章中，我们描述了一种高吞吐量、低时延的光互联网络，其核心思想是将复杂的功能放在网络边缘（电适配器）处实现，而不是在网络（光交换节点）中实现，从而实现了全光的交换节点。我们把这种简单、低成本的光互联网络与高度优化的端到端调度和传输策略相结合，以满足 HPC 和数据中心互联的需求。

这里所提出的网络架构是基于小基数交换节点构建的最低成本的

① 虽然发送到网络中的分组是急迫分组，但我们依然给预调度流以高的优先级，以便减少与来自其他适配器的预调度分组的冲突。

Banyan 类多级互联网络,其使用较小的缓存和链路级的流控方法来分布式地实现冲突竞争问题的解决,从而不需要集中式控制。此外,我们的方法利用了 Omega 网络(及其拓扑等效网络)的特性,可以无冲突地路由传送特定置换业务,以达到 100%吞吐量的预调度分组发送,同时通过允许用推测调度模式发送分组以减少与预调度相关的时延损失。我们利用优先级来控制急迫分组和预调度分组的共存,使前者不影响后者,同时采用有效的端到端可靠传送方案来处理急迫分组的丢弃。

我们验证了这种方法可用少量或中等的资源实现低时延和高的吞吐量。其饱和吞吐量大约是无预调度的有缓存 Omega 网络的两倍,而轻负载情况下的时延则比采用预调度发送但无推测调度的相同 Omega 网络低大约 $N/2$ 个时隙。由于推测调度带来的好处,我们还能够以线速率来支持由无冲突一对一连接构成的定向业务的传送。

在研究丢弃-重传策略时,其他一些深入细致的考察结果指出采用单独的介质来路由(带外)ACK 消息具有潜在的优势。如果采用带内传输 ACK 消息的方式,正如在本章研究中所采用的为了减少 ACK 开销,则超时周期必须很大,对于基于时隙传送的网络尤其高。虽然我们已验证了平均分组时延可以保持在较低的水平,但由于存在大的超时时间,如果必须进行重传,则部分分组可能会经历很大的时延,这对于时延敏感的应用是不能容忍的。对于在两个传输方向上都存在大量连接的情况,自适应发送 ACK 消息的机制提供了一些方法来保持较短的超时周期。另外,还可以通过对每个连接都设置一个固定的最大允许超时周期来解决这个问题。无论如何,虽然采用单独介质来传送 ACK 消息具有最好的性能,但还需要综合考虑网络的成本与性能。

到目前为止,由于 Omega 网络不能高效地传送非均匀业务,我们主要考察的是均匀业务的情况。为了传送非单调置换业务,可以在 Omega 网络的前面插入批量排序网络,尽管这额外需要大约 $\frac{1}{2}\log_2^2 N$ 个交换级。此外,还可以通过采用诸如 Beneš 网络或负载平衡 Birkhoff-von Neumann 交换等具有多条传输路径的拓扑结构来提升传送非均匀业务的性能。

致谢:这项研究得到欧盟 FP7-ICT 计划 HISTORIC (Heterogeneous InP on Silicon Technology for Optical Routing and Logic,资助号为 223876)项目

的资助。感谢 Anne-Marie Cromack 和 Charlotte Bolliger 在准备本章写作材料方面的帮助。

参 考 文 献

[1] Beldianu S,Rojas-Cessa R,Oki E,Ziavra S (2009) Re-configurable parallel match evaluators applied to scheduling schemes for input-queued packet switches. In:Proceedings of IEEE ICCCN,San Francisco,CA,USA

[2] Blumenthal DJ et al (2011) Integrated photonics for low-power packet networking. IEEE J Sel Top Quant Electron 17(2):458—471

[3] Burmeister EF, Blumenthal DJ, Bowers JE (2008) A comparison of optical buffering technologies. Optical Switching and Networking 5(1): 10—18

[4] Chang CS,Lee DS,Jou YS (2002) Load-balanced Birkhoff-von Neumann switches,part Ⅰ:one-stage buffering. Comp Comm 25(6):611—622

[5] Chao HJ,Jing Z,Liew SY (2003) Matching algorithms for three-stage bufferless Clos network switches. IEEE Comm Mag 41:46—54 (2003)

[6] Chrysos N, Katevenis M (2006) Scheduling in non-blocking, buffered, three-stage switching fabrics. In: Proceedings of IEEE INFOCOM. Barcelona,Spain

[7] Dias D, Jump JR (1981) Analysis and simulation of buffered delta networks. IEEE Trans Comput C-30(4):273—282

[8] Germann R,Salemink HWM,Beyeler R,Bona GL, Horst F,Massarek I, Offrein BJ (2000) Silicon oxynitride layers for optical waveguide applications. J Electrochem Soc 147(6):2237—2241

[9] Goke LR, Lipovski GJ (1973) Banyan networks for partitioning multiprocessor systems. In:Proceedings of ACM ISCA,New York,NY, USA,pp 21—28

[10] Hui JH (1990) Switching and traffic theory for integrated broadband networks. Kluwer,Dordrecht

[11] Iliadis I, Minkenberg C (2008) Performance of a speculative transmission

scheme for arbitration latency reduction. IEEE/ACM Trans Comp 16(1): 182—195

[12] Iliadis I,Chrysos N,Minkenberg C (2007) Performance evaluation of the data vortex photonic switch. IEEE J Sel Areas Comm 25(S-6):20—35

[13] Keslassy I, Chuang ST, Yu K, Miller D, Horowitz M, Solgaard O, McKeown N (2003) Scaling internet routers using optics. In: Proceedings of ACM SIGCOMM. ACM,Karlsruhe,pp 189—200

[14] Liu J,Hung CK,HamdiM,Tsui CY (2002) Stable round-robin scheduling algorithms for high performance input queued switches. In: Proceedings of IEEE hot-interconnects (HOTI 2002),San Francisco,CA

[15] Luijten, RP, Minkenberg C, Hemenway BR, Sauer M, Grzybowski R (2005) Viable optoelectronic HPC interconnect fabrics. In:Proceedings of supercomputing (SC). IEEE Computer Society, Washington, DC (2005)

[16] Murdocca M (1989) Optical design of a digital switch. Appl Opt 28 (13):2505—2517

[17] Papadimitriou GI, Papazoglou C, Pomportsis AS (2003) Optical switching: switch fabrics, techniques, and architectures. J Lightwave Technol 21(2):384—405

[18] Petracca M,Lee BG,Bergman K,Carloni LP (2009) Photonic nocs: system-level design exploration. IEEE Micro 29(4),74—85 (2009)

[19] Pun K,Hamdi M (2002) Distro:A distributed static round-robin scheduling algorithm for bufferless Clos-network switches. In: Proceedings of IEEE GLOBECOM,Taipei,Taiwan,pp 2298—2302

[20] Saha A, Wagh M (1990) Performance analysis of Banyan networks based on buffers of various sizes. In:IEEE INFOCOM,San Francisco, CA,pp. 157—164

[21] Scicchitano A,Bianco A,Giaccone P,Leonardi E,Schiattarella E (2007) Distributed scheduling in input queued switches. In: Proceedings of IEEE ICC,Glasgow,UK

[22] Shacham A,Small BA,Liboiron-Ladouceur O,Bergman K (2005) A fully

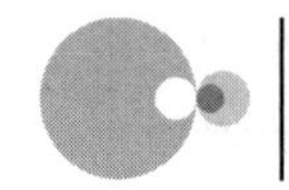

implemented 12 × 12 data vortex optical packet switching interconnection network. J Lightwave Technol 23(10):3066

[23] Takagi H (1993) Queueing analysis. In: Discrete-time systems: a foundation of performance evaluation. Elsevier, Amsterdam

[24] Tanenbaum AS (2002) Computer networks, 4th edn. Prentice Hall, NJ

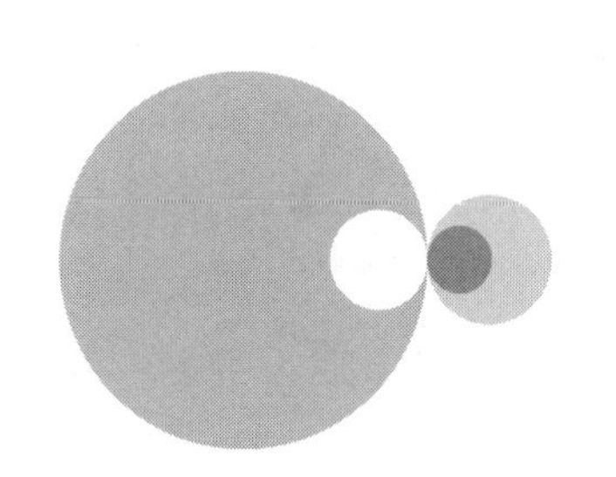

第7章 一种基于高速 MIMO OFDM 的弹性数据中心网络

7.1 引言

随着全球互联网流量呈指数式增长，通过整合众多服务器来支撑互联网应用的数据中心，正面临着快速增长的带宽需求。由于云计算等应用的兴起，下一代数据中心需要实现低延迟、高吞吐量、高灵活性、高资源效率、低功耗和低成本。此外，随着单个芯片中集成的处理核数越来越多，数据中心内机架之间的通信需求也将显著增加。例如，我们可以像单芯片云计算机（SCC）[17]那样，将数百个核集成到同一芯片中，从而在数据中心的机架内实现更强的处理能力。显然，这就要求我们实现一个快速且低延迟的互联结构，以满足这些处理核与存储系统以及机架内部或外部的其他服务器之间的通信需求。

由于具有高带宽容量，光通信技术已经在数据中心网络（DCN）中得到应用，但主要是针对点到点的传输链路，而数据中心内的互联网络仍然基于电交换结构，不仅功耗高，而且带宽容量有限[13]。目前，数据中心网络的功耗占IT总功耗的23%[21]。未来，随着数据中心对网络通信需求的不断增长，可以预见这一占比将会更高[4]。因此，就像电信网络通过采用全光交换由不透明网络演进到透明网络一样，数据中心网络也有望逐步全光化。

近年来，针对数据中心网络已经提出了多种光电混合和全光的互联结构[9][16][19][22][23][25]。其中，参考文献[9][19][25]中介绍的互联结构主要基于大规模的光交叉连接(FXC)，而参考文献[16]中介绍的互联结构则采用多个波长选择开关(WSS)。不过，FXC和WSS普遍成本昂贵，并且切换速率较慢(毫秒级)。另外，单一的大规模FXC也存在单点失效的问题。为此，参考文献[23]最近提出了采用基于硅基电光微环的WSS和基于半导体光放大器的光开关的结构，可以实现纳秒级交换，从而使得全光分组路由成为可能。但是，上述关键器件并未成熟商用，而且也难以扩展。此外，参考文献[22][25]中介绍的互联结构则使用可调波长转换器，但同样成本昂贵，且无法在不同连接之间实现带宽资源共享，并且这些结构中有些还需要使用电或光缓存。

在本章中，我们提出并通过实验展示了一种新型的全光数据中心网络架构。该架构以无源的循环阵列波导光栅(CAWG)路由器为核心，通过与正交频分复用(OFDM)调制和并行信号检测(PSD)技术相结合，可实现快速(纳秒级)、低延迟、低功耗的多输入多输出(MIMO)交换，并且无需FXC、WSS以及可调波长转换器，就可实现精细粒度的带宽共享。

7.2 基于MIMO OFDM的带宽灵活DCN架构

7.2.1 MIMO OFDM

该DCN架构的一项关键技术是MIMO OFDM。OFDM是一种多载波调制技术，如图7.1所示，它通过将数据转换成多个低速子数据流，调制到不同子载波上进行并行传输。由于不同子载波信号在一个符号周期内是正交的，因此它允许出现频谱重叠且具有频谱利用率高的优点。OFDM最初主要应用于铜缆和无线通信。近几年，随着高速数字信号处理和宽带DAC/ADC技术的成熟，OFDM也已经在光通信网络中得到应用[1][20]。例如，由于OFDM具有光纤色散容忍度高和可实现单抽头频域均衡等优点，它已经被证明是一种实现长距离传输的优良方案[2][6][14]。同时，在光接入网络方面，人们也提出了诸如 OFDMA-PON(正交频分多址无源光网络)[7]这样的方案,可以在多个用户之间实现灵活的频谱资源共享。另外,参考文献[3]还进一步讨论了将 OFDM 技术应用于数据中心的可行性,但是暂未给出具体的数据中心内部网络架构。

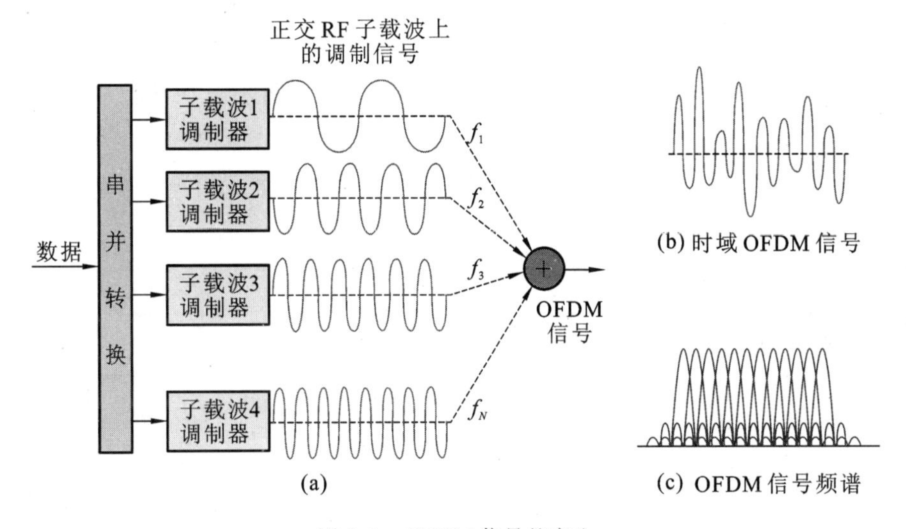

图 7.1　OFDM 信号的产生

在光传输中实现 OFDM 的方法主要有两种:第一种是光 OFDM(O-OFDM),首先生成 OFDM 电信号,再将其调制到光载波上[2][6][14],在接收端可以使用直接检测或相干检测技术进行接收;第二种是全光 OFDM(AO-OFDM),即直接生成正交的光子载波,然后将并行的低速电信号分别调制到各个光子载波上[10][11]。

本章提出的 DCN 架构是基于 O-OFDM 方法实现的,能支持网络层面的 MIMO 操作,即每个源机架可以同时向多个目的机架发送 OFDM 信号,并且通过将数据分别调制到频域中不同的 OFDM 子载波上,多个源机架也可以同时向同一目的机架发送信号。

显然,在接收端可能会出现来自多个源机架的不同波长上的多路 O-OFDM 信号,但只要这些信号之间不存在 WDM 波长以及 OFDM 子载波冲突,就完全可以只使用一个普通的光探测器(PD)对所有信号进行同时检测。这项技术称为 PSD 技术[15],其有效性已经在基于 OFDM 的 WDM 光网络中得到验证[12]。

7.2.2 循环阵列波导光栅

在 DCN 架构中，循环阵列波导光栅（CAWG）是一个关键器件。$N\times N$的 CAWG（也称为 AWG 路由器或循环交织器）是一个能够将来自 N 个输入端口的不同波长信号，按照循环排列方式，分别路由到 N 个不同输出端口的无源光复用器/解复用器。图 7.2 具体说明了一个 8×8 CAWG 的波长循环路由规律。显然，基于波长循环路由的特性，CAWG 中将不存在波长冲突。因此，在构建 CAWG 时，通常可以采用平面光波导技术，而无需使用大规模的 FXC 或是多个 WSS 单元。参考文献[22][25]中介绍的 DCN 架构也同样以 CAWG 作为核心光路由器。

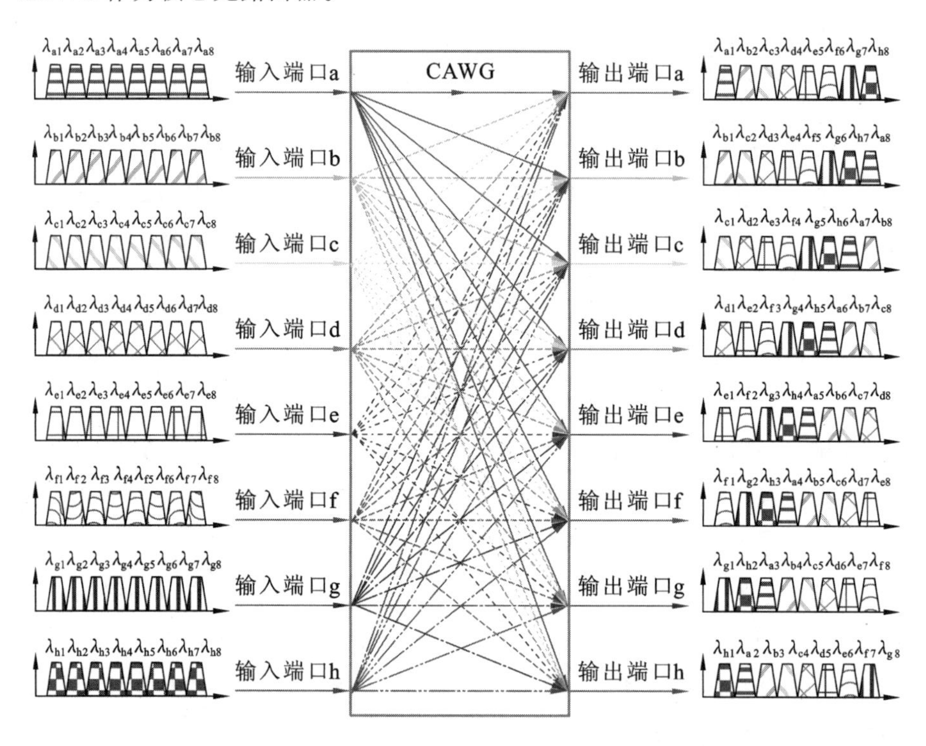

图 7.2 CAWG 的循环波长路由

7.2.3 DCN 架构

图 7.3 给出了基于 MIMO OFDM 的 DCN 架构原理图。它包含 N 个机架，每个机架内由一个架顶（ToR）交换机连接多台服务器，机架间的通信则通过互联不同 ToR 交换机的 DCN 来实现。

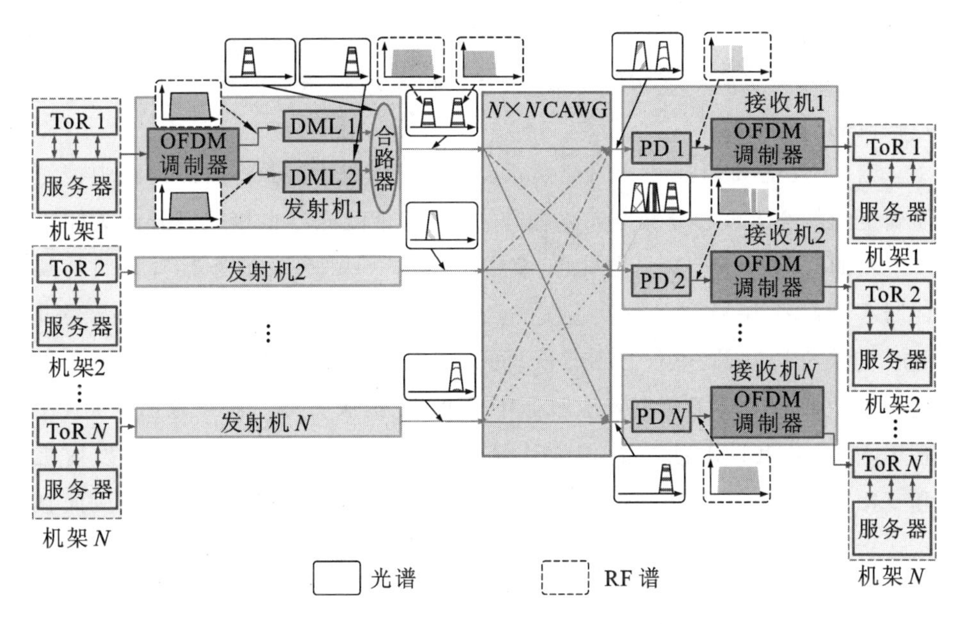

图 7.3　基于 MIMO OFDM 的 DCN 架构原理图

跨机架的数据首先在各机架内进行汇聚,然后通过合适的子载波分配,由发射机中的 OFDM 调制器将汇聚后的数据调制成 K 路 OFDM 数据流,其中,K 为该源机架所对应的目的机架数。显然,$0 \leqslant K \leqslant N$,且不同源机架的 K 值可以不同。之后,经过具有不同波长的 K 个直调激光器(DML)或者 K 组激光器/调制器,这些 OFDM 数据流被转换成 K 路 WDM 光信号。需要说明的是,如果采用的是固定波长的激光器,那么每个机架都需要配置 N 个激光器,以便能实现与任意目标机架进行通信。

随着机架数量的增加,为每个发射机都配置 N 个激光器并不合算,而且也没有必要,毕竟一个机架在很大程度上并不会同时与其他所有机架通信。因此,可以在发射机上使用相对少量的可调激光器,而非 N 个固定波长激光器。

这些 O-OFDM 信号在通过 WDM 合路器后形成 OFDM 调制的 WDM 信号,然后进入 $N \times N$ CAWG。按照 CAWG 的循环无阻塞波长路由规律,输入的 WDM 多波长信号可以分别路由到目的机架所对应的输出端口,且输出端口的光接收机也只会从 CAWG 的每个输入端口中选择一路 WDM 波长信号接收。如果通过 OFDM 子载波的集中分配,能使得每个接收机上来自不同输入端口的多路 WDM 波长信号间不存在子载波冲突,那么就可以基于

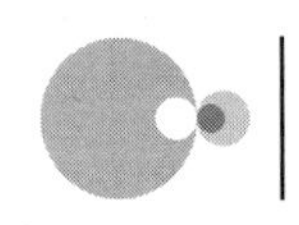

PSD 技术，使用单个 PD 来同时接收所有 WDM 信号。最后，接收下来的 OFDM 信号被解调回原始数据格式，并经由目的机架上的 ToR 交换机发送到相应的服务器。

当 DCN 需要切换到新的交换状态时，OFDM 调制器将按照由集中控制器确定的新的子载波分配方案来操作，同时各个激光器也相应打开或关闭以产生新的 OFDM WDM 信号。DCN 中会出现一些“超级服务器”，它们与其他服务器间存在稳定的大容量通信需求，如果这类跨机架通信也都经过 ToR 交换机转发，则不仅效率较低，而且在某些情况下甚至还可能造成 ToR 交换机的拥塞。为了更有效地服务于这些“超级服务器”，可以通过扩展，在基于 MIMO OFDM 的 DCN 中为其预留出一些专用的 OFDM WDM 发射机和专用的 CAWG 端口。这样一来，这些服务器就可以绕过 ToR 交换机而直接连接到发射机，如图 7.4 所示。

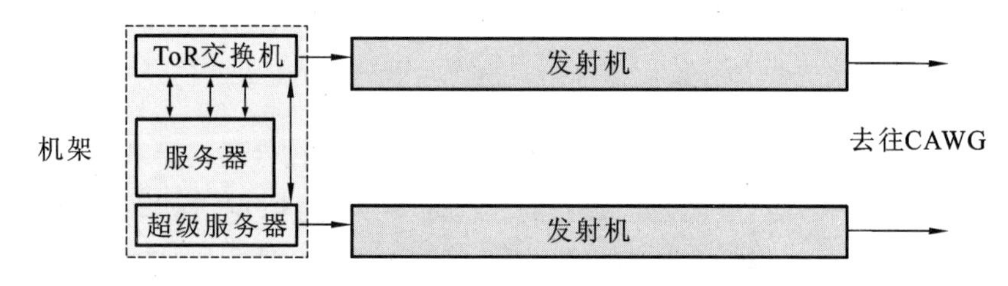

图 7.4　针对“超级服务器”的直通路径

7.2.4　DCN 架构的特性

与目前已经提出的其他一些全光或光电混合 DCN 架构相比，这种基于 MIMO OFDM 的 DCN 架构具有以下优点。

(1) 支持 MIMO 交换：传统的全光 DCN 架构使用光路交换，每个源机架在同一时间只能与一个目的机架通信。如果需要再与其他目的机架建立连接，则必须等待当前连接结束。相反，本章所提出的 DCN 架构则支持 MIMO OFDM 操作，任何一个源机架都可以同时与多个目的机架通信。因此，可以通过消除等待时间，获得较高的互联效率。

(2) 带宽分配和共享灵活：各个 O-OFDM 发射机可以灵活选择合适数量的子载波，同时，目的接收端上所有可用的子载波也可以与其相对应的多个源端之间进行灵活分配和共享。因此，该架构允许我们同时为不同的源目的分配不同的带宽，并且可以根据需求进行动态调整。这种特性适用于需要频繁建立和拆除连接并且带宽需求存在大幅波动的 DCN 应用。

(3) 交换粒度细：由于 O-OFDM 信号是基于电处理产生的，因此其交换粒度相比目前提出的光 DCN 架构要精细得多。例如，在点对点的直连光链路中，基本粒度是一根光纤；在常规 WDM 系统中，基本粒度则是一个 WDM 波长信道，其通常承载 10 Gb/s 至 40 Gb/s 或 100 Gb/s 数据；在 AO-OFDM 系统中，基本粒度是一个 OFDM 光子载波，其通常承载 10 Gb/s 或更高；而在 O-OFDM 系统中，交换粒度则是电处理产生的 OFDM 子载波，其量级一般在几十 Mb/s 或更小。显然，更细的交换粒度将使得带宽分配更加灵活，频谱利用效率也更高。

(4) 调制格式和数据速率灵活：OFDM 调制使得我们可以通过改变调制阶数，来灵活调整相同子载波或子载波组内所承载的数据量。例如，可以使用 BPSK、QPSK、16QAM 或 64QAM 等不同格式来调制各个子载波中的 OFDM 信号。由于在这些调制格式中每个符号可编码的数据比特数目不同，因此，相同子载波可以承载不同数量的数据。这种特性有助于解决目的机架上的拥塞问题。在同一 OFDM 信号内，不同的调制格式可以共存，且不同的子载波可以使用不同的调制格式。

(5) 无保护带：在基于 PSD 接收的 OFDM 系统中，为了应对同步困难以及诸如色散和 OSNR 劣化等传输损伤，通常需要在来自不同源的子载波组之间设置保护带。但是，这样的保护带在 DCN 应用中却并不需要，因为 DCN 中的信号传输距离很短(通常从几十米到 2 千米)，无需这样的保护带。这将能最大化每个接收机的带宽利用率。

(6) 快速交换：此架构中的光路路由是通过开启和关闭各个激光器来实现的。由于激光器开启和关闭的完成时间在亚纳秒级，因此该架构可以支持分组级交换。如果使用可调激光器，则交换速度将由激光器的开/关速度和调谐速度共同确定，这也可以在纳秒水平实现[8]。

(7) 时延低且一致性好：所有信号从源到目的都只通过核心光路由器一次，即只有一跳，因此，时延非常低并且一致性较好。此外，由于该架构支持 MIMO 操作，并且通过 OFDM 子载波分配就能实现灵活的带宽共享，因此无需使用光电缓冲。这也使得时延可以始终保持在较低水平。

(8) 扩展性好：此 DCN 的可用规模取决于 CAWG 的端口数。基于 6 英寸(1 英寸≈2.54 厘米)二氧化硅晶圆的 400 通道 AWG 和基于 4 英寸二氧化硅晶圆的512通道AWG在10多年前就已实现[18]。随着硅光技术的最新进展,我们有理由期待更高端口数的CAWG,毕竟相比于二氧化硅波导,硅波导的芯区/包层折射率对比度更大,因而其波导弯曲半径可以低几个数量级[24]。

(9)控制简单:虽然在每个接收机上都存在子载波冲突限制,但是同一个发射机产生的不同OFDM信号可以使用相同的OFDM子载波。这使得我们可以分别考虑各个接收机的子载波分配问题,因此,与其他带宽共享网络相比,其复杂性大幅降低。

(10)功耗低:由于该架构中的核心光路由部件AWG是完全无源且静态不可调的,因此,与其他需要通过WSS或FXC来实现交换的光DCN架构相比,其光器件具有更低的功耗,散热也更低。

(11)成本低:该架构不需要FXC、WSS以及可调波长转换器,因此其光器件成本低。同时,低功耗和低散热也意味着制冷和运维成本更低。

7.3 基于MIMO OFDM的弹性光互联实验验证

针对前文所述的DCN架构,我们搭建了一个实验测试平台,以便对其灵活的MIMO互联能力进行验证。在实验平台中,光核心路由器采用一个信道间隔为100 GHz的8×8 CAWG。每个发射机都包含两个带有10 GHz强度调制器的可调外腔激光器。OFDM信号由任意波形发生器产生,共有1200个子载波,每个子载波占用5 MHz带宽。实验中,考虑了如表7.1所示的两种场景,它们分别采用不同的波长和子载波分配方案。基于CAWG中的循环波长路由特性,ToR1产生的λ_3和λ_6分别被路由到ToR3和ToR6,而对于ToR2,则是λ_4和λ_7分别被路由到ToR3和ToR6。

实验中针对不同的OFDM子载波组,如表7.1中以黑色高亮显示的,分别使用了QPSK、16QAM和64QAM等不同的调制格式,相应得到的单个子载波的数据速率分别为10 Mb/s、20 Mb/s和30 Mb/s。CAWG的每个输出端口都配置有一个带宽为10 GHz的单端直接检测PD,用来接收WDM信号并将其转换为OFDM电信号。之后,OFDM电信号由一台实时示波器捕获并数字化。最后,使用计算机对数字化后的信号进行离线处理以恢复出原始数据。在整个实验过程中,都没有使用光放大。

表 7.1 基于 MIMO OFDM 的 DCN 实验中的波长和子载波分配方案

实验	来自 ToR1		来自 ToR2	
	λ_3 193.5 THz 1549.32 nm (去往 ToR3)	λ_6 193.2 THz 1551.72 nm (去往 ToR6)	λ_4 193.4 THz 1550.12 nm (去往 ToR3)	λ_7 193.1 THz 1552.52 nm (去往 ToR6)
1	SC 100-450 QPSK A	SC 300-450 64QAM C	SC 451-800 QPSK D	SC 850-950 QPSK F
2	SC 200-600 16QAM B		SC 50-150,700-900 QPSK E	

SC:子载波。

图 7.5 给出了在各个 OFDM 发射机输出端和接收机输入端测得的 OFDM 信号的 RF 谱。测试结果表明,同一发射机产生的不同 OFDM 信号可以使用相互重叠的(例如,实验 1 中的子载波组 A 和子载波组 C)或是非连续的子载波(例如,实验 2 中的子载波组 E),而在接收端,只要来自不同源的多个 OFDM 信号之间不存在子载波冲突,就可以基于 PSD 技术,用单个接收机对其进行检测和接收。OFDM 子载波的分配由集中控制器统一负责,通过观察实验 1 中 ToR3 的接收端 RF 谱可以看出,在进行子载波分配时,无需设置保护带。此外,集中控制器还需要对来自不同输入端的子载波信号进行功率均衡。

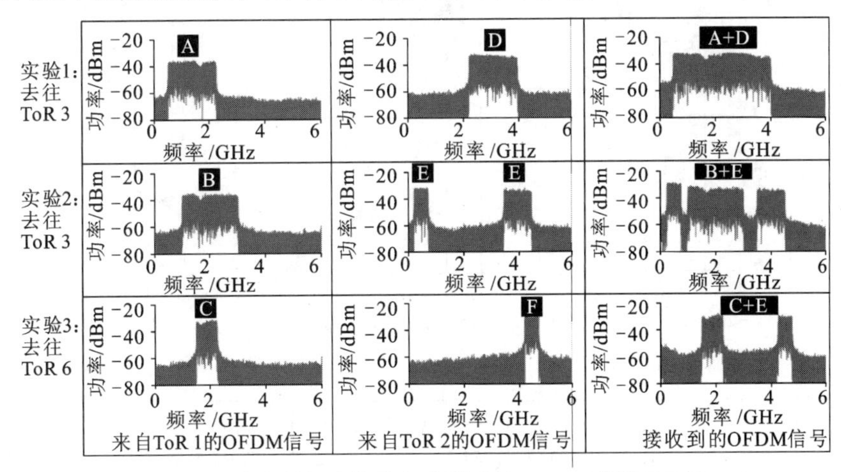

图 7.5 在发射机和接收机处测到的 OFDM 信号 RF 谱

图 7.6 给出了分别在 CAWG 输入端口和输出端口观测到的来自 ToR1 和 ToR2 发射机以及去往 ToR3 和 ToR6 接收机的 WDM 信号的光谱,通过二

者的对比可以确认 CAWG 支持无阻塞循环路由。

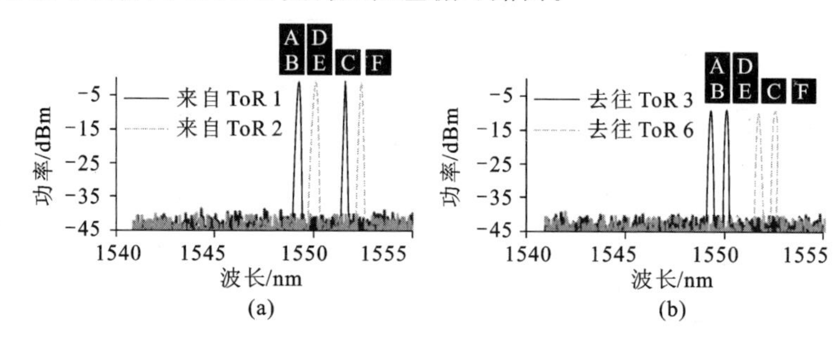

图 7.6　在 CAWG 输入端口（见图(a)）和输出端口（见图(b)）测到的光谱

图 7.7 对比了实验中在不同接收光功率下，分别采用 PSD 接收机（实心符号）和单信道接收机（空心符号）来接收不同 OFDM 信号时的误码率（BER）。可以发现，随着调制格式以及单个子载波信号功率的变化，尽管二者的 BER 绝对值有所差异，但与单信道接收机相比，PSD 接收机在各种测试场景下均没有出现明显的性能劣化，能够成功接收不同调制格式的 OFDM 信号。这表明可以基于 PSD 技术，使用单个 PD 来同时接收多路 OFDM WDM 信号，从而实现 MIMO 交换。

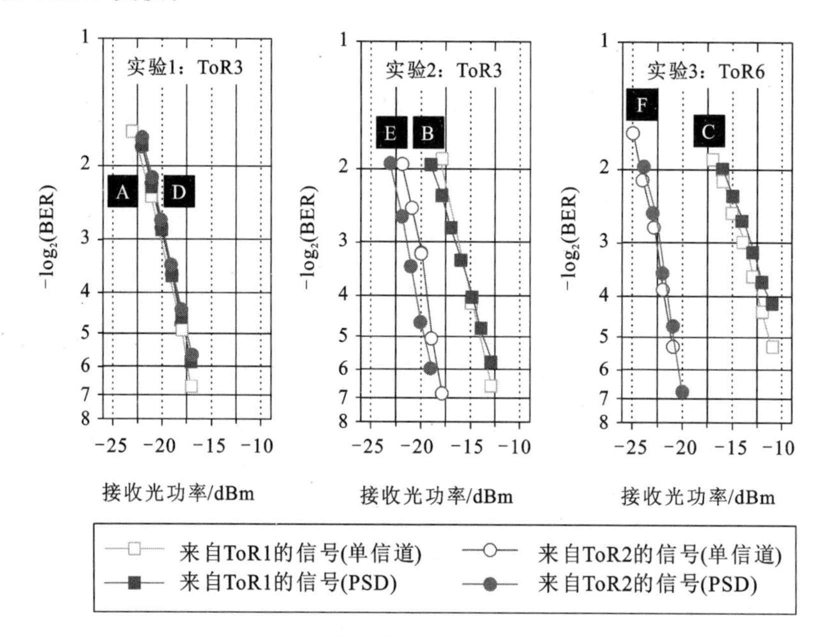

图 7.7　信号接收性能的测试结果

7.4 性能分析

7.4.1 仿真模型及流量假设

为了对所提架构的性能进行评估,我们使用 OPNET Modeler 软件搭建了一个仿真模型,用以模拟前文所述的基于 OFDMA 的交换。该模型由 8 个 ToR 组成,每个 ToR 接收机支持 1000 个子载波,单个子载波的信号速率为 10 Mb/s,因此一个 ToR 的总带宽为 10 Gb/s。每个 ToR 产生的流量均匀去往其他所有的 ToR。至于具体的流量特征,在真实数据中心网络上进行的研究[5]已经表明,分组到达最好使用长尾分布(如对数正态分布、威布尔分布)来建模,而分组长度的概率分布则近似于一个大小分别为 64200 B 和 1400 B 的三次分布,且三种分组长度的出现概率分别为 0.05、0.5 和 0.45。为此,在仿真中,我们为每个源/目的 ToR 对设置一个 ON-OFF 源,由其来产生符合上述分组长度概率分布的流量。并且,ON 周期和 OFF 周期的持续时间,以及 ON 周期内的分组到达间隔都服从分形指数为 0.75 的对数正态分布。通过设置不同比率的 OFF 周期/ON 周期,可以获得具有不同突发性的流量。另外,针对每个源/目的 ToR 对,均配置有一个 10 MB 的专用缓冲。

7.4.2 子载波分配算法

针对所提的架构,仿真中考虑了以下几种子载波分配算法。

(1) 最优资源利用(ORU):所有源 ToR 上去往同一目的 ToR 的分组,按照 FIFO 顺序,利用所有可用的子载波进行发送。换句话说,这实质上是一种基于时间(而非基于子载波)的调度方法,只不过是采用 OFDM 技术来传输各个分组。如果假定时间连续(即没有时隙)且没有保护带,那么将不存在带宽资源的浪费,因此可以预见该算法将实现最小的平均分组延迟。不过需要注意的是,该假设在现实中可能难以成立,因为这要求 ToR 必须能够非常快,即在分组到达间隔时间(几个微秒)内,完成开关状态切换。所以,这里讨论该算法的主要目的是将其作为性能评估的基准。下面,我们将讨论几种能够放宽切换时间要求,同时基于子载波进行带宽分配的算法。

(2) 固定子载波分配(FSA):在 FSA 中,通过向每个源/目的 ToR 对分配特定数量的子载波,可以为其创建固定带宽的虚拟传输通道。在这里,我们主要考虑均匀分布的流量,因此每个源/目的 ToR 对被分配 125 个子载波(即

1000/8)。显然,该算法非常简单,但是并不能适应真实数据中心网络中普遍存在的突发性流量,因为预计此时会导致较大的分组延迟。

(3) 动态子载波分配(DSA):为了适应实际的流量需求,我们提出了动态子载波分配(DSA)算法,可以根据从各个 ToR 收集到的流量信息,周期性(调度周期为 T)地调整当前的子载波分配方案。具体而言,可以将一定比例(表示为 f)的可用子载波以固定方式平均分配给所有源/目的 ToR 对,而剩余的部分则以加权方式进行分配,其中的权重值可以根据前一调度周期内各个源/目的 ToR 对的流量来确定。

注意,应该准确选择 T 值。因为,一方面 T 值应当相对较小,这样即使某个调度周期内的子载波分配不够准确,也能很快被校正,从而避免影响 QoS;另一方面,T 值又不能太小,否则将给相关的电处理带来挑战,并且也可能使得对流量的测量不够准确(取决于具体的流量特性)。最后,有必要指出,FSA 可以被认为是 DSA 的一个特例,即 $f=1$ 且 $T=1$ ms,此时算法仅在初始时执行一次。

7.4.3 仿真结果

我们对所提算法在不同流量模型和网络负载下的性能进行了仿真分析。更具体地,我们考虑了以下两种通用场景:场景一采用 OFF/ON 周期比值为 10 的数据源;场景二采用 OFF/ON 周期比值为 50 的数据源。仿真结果中的负载定义为平均聚合负载与可用交换总容量的比值。

图 7.8 显示了当数据源的 OFF/ON 周期比值为 10 时的平均分组延迟。正如预期的那样,ORU 的性能最好,而 FSA 的性能最差。特别地,即使是在中等负载条件下,FSA 的性能也比 ORU 的性能差几个数量级,可见单一的 FSA 在实际网络中并不适用。相对来说,DSA 则可以获得非常接近 ORU 的延迟值。注意,考虑到前文所讨论的各个因素,仿真中的 DSA 调度周期被设置为 1 ms。此外,通过将 f 设置为非零值(这里为 0.25),使用混合 FSA/DSA 方法可以进一步提高性能,但改善程度并不大。

图 7.9 比较了在业务模型更具挑战性(即数据源的突发性增加到 OFF/ON 周期比值为 50)的情况下,各种算法的平均分组延迟性能。很明显,由于流量的突发性更强,所有算法的延迟值均有所增大,但上述针对 ORU 和 FSA 的结论仍然成立。还要注意的是,在负载增大到一定程度(即 0.05)之后,FSA 的延迟会收敛到一个固定值,这只是由于此时出现了大量的缓冲区溢出,导致超过 50%的分组被丢弃。相反,对于其他算法,所能观测到的最大丢包率也要

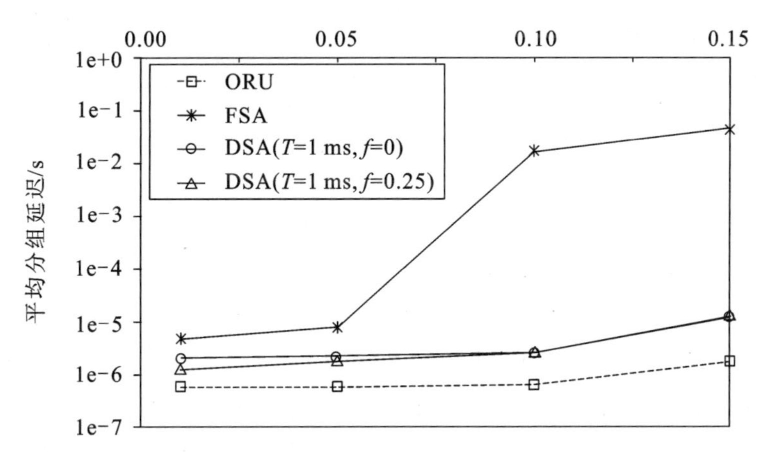

图 7.8 平均分组延迟的对比(OFF/ON 周期比值为 10)

低一个数量级以上。因此,FSA 并不是一种有效方法,与其进行性能对比也没有太大意义。混合 DSA($f=0.25$)的延迟性能仍然是介于 FSA 和 ORU 之间。非常有趣的是,此时与单纯的 DSA($f=0$)相比,混合的 DSA($f=0.25$)可以将延迟减少高达两个数量级。

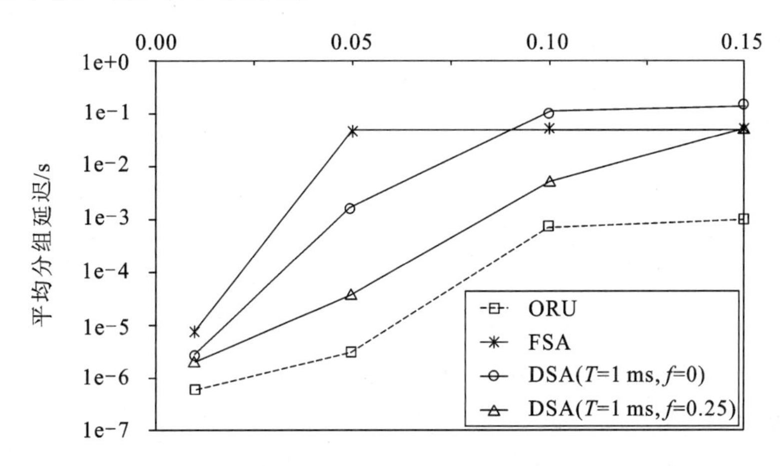

图 7.9 平均分组延迟的对比(OFF/ON 周期比值为 50)

7.5 结论

我们提出了一种基于 OFDM 和 PSD 技术的新型 DCN 架构,其具有交换速度高、延迟低且一致性强和功耗低等特点。通过演示实验,我们验证了该架构能支持 MIMO OFDM 交换以及细粒度带宽的灵活共享。同时,我们针对该架构设计了低复杂度的子载波分配算法，可以实现频谱资源的高效利用。因此，这种架构适合于下一代 DCN 应用中机架间和服务器间的全光通信。

参考文献

[1] Armstrong J(2008) OFDM:From Copper and Wireless to Optical, in Optical Fiber Communication Conference and Exposition and The National Fiber Optic Engineers Conference, OSA Technical Digest (CD) (Optical Society of America, 2008), paper OMM1

[2] Armstrong J(2009) OFDM for optical communications. J. Lightwave Technol. 27(3):189—204

[3] Benlachtar Y, Bouziane R, Killey RI, Berger CR, Milder P, Koutsoyannis R, Hoe JC, Pschel M, Glick M (2010) Optical OFDM for the data center. In:12th International Conference on Transparent Optical Networks (ICTON), pp. 1—4, London, UK

[4] Benner A (2012) Optical Interconnect Opportunities in Supercomputers and High End Computing, in Optical Fiber Communication Conference, OSA Technical Digest (Optical Society of America, 2012), paper OTu2B. 4

[5] Benson T, Akella A, Maltz DA (2010) Network traffic characteristics of data centers in the wild. In:Proceedings of the 10th annual conference on internet measurement (IMC). ACM, New York, pp 267—280

[6] Djordjevic IB, Vasic B (2006)Orthogonal frequency division multiplexing for high-speed optical transmission. Opt. Express 14(9):3767—3775

[7] Dual-polarization 2×2 IFFT/FFT optical signal processing for 100-Gb/s QPSK-PDM alloptical OFDM, May 2009

[8] Engelsteadter JO, Roycroft B, Peters FH, Corbett B (2010) Fast wavelength switching in interleaved rear reflector laser. In: International Conference on Indium Phosphide & Related Materials (IPRM), pp. 1—3, Cork, Ireland

[9] Farrington N, Porter G, Radhakrishnan S, Bazzaz HH, Subramanya V, Fainman Y, Papen G, Vahdat A (2010) Helios:a hybrid electrical/optical switch architecture for modular data centers. In:Proceedings of the ACM SIGCOMM 2010. ACM, New York, pp 339—350

[10] Hillerkuss D, Schmogrow R, Schellinger T, Jordan M, Winter M, Huber G, Vallaitis T, Bonk R, Kleinow P, Frey F, Roeger M, Koenig S, Ludwig A, Marculescu A, Li J, Hoh M, Dreschmann M, Meyer J, Ben Ezra S, Narkiss N, Nebendahl B, Parmigiani F, Petropoulos P, Resan B, Oehler A, Weingarten K, Ellermeyer T, Lutz J, Moeller M, Huebner M, Becker J, Koos C, Freude W, Leuthold J (2011) 26 Tbit · s^{-1} line-rate super-channel transmission utilizing all-optical fast Fourier transform processing. Nat Photonics 5(6):364—371, Geneva, Switzerland
[11] Huang YK, Qian D, Saperstein RE, Ji PN, Cvijetic N, Xu L, Wang T (2009) Dual-polarization 22 IFFT/FFT optical signal processing for 100-Gb/s QPSK-PDM all-optical OFDM. In: Optical fiber communication conference and exposition and the national fiber optic engineers conference. Optical Society of America, San Diego, CA, USA, p OTuM4
[12] Ji PN, Patel AN, Qian D, Jue JP, Hu J, Aono Y, Wang T (2011) Optical layer traffic grooming in flexible optical WDM (FWDM) networks. In: 37th European conference and exposition on optical communications. Optical Society of America, p We. 10. P1. 102
[13] Kachris C, Tomkos I, A Survey on Optical Interconnects for Data Centers, IEEE Communications Surveys and Tutorials, doi: 10. 1109/SURV. 2011. 122111. 00069
[14] Lowery AJ, Du L, Armstrong J (2006) Orthogonal frequency division multiplexing for adaptive dispersion compensation in long haul WDM systems. In: Optical fiber communication conference and exposition and the national fiber optic engineers conference. Optical Society of America, p PDP39, Anaheim, CA, USA
[15] Luo Y, Yu J, Hu J, Xu L, Ji PN, Wang T, Cvijetic M (2007) WDM passive optical network with parallel signal detection for video and data delivery. In: Optical fiber communication conference and exposition and the national fiber optic engineers conference. Optical Society of America, p OWS6, Anaheim, CA, USA
[16] Singla A, Singh A, Ramachandran K, Xu L, Zhang Y (2010) Proteus: a topology malleable data center network. In: Proceedings of the ninth

ACM SIGCOMM workshop on hot topics in networks, Hotnets'10. ACM, New York, pp 8:1—8:6

[17] Single Chip Cloud Computing (SCC) Platform Overview. Intel White paper, 2011

[18] Takada K, Abe M, Shibata M, Ishii M, Okamoto K (2001) Low-crosstalk 10-GHz-spaced 512 channel arrayed-waveguide grating multi/demultiplexer fabricated on a 4-in wafer, IEEE Photonics Technology Letters, 13(11):1182—1184

[19] Wang G, Andersen DG, Kaminsky M, Papagiannaki K, Ng TE, Kozuch M, Ryan M (2010) c-Through: Part-time optics in data centers. In: Proceedings of the ACM SIGCOMM 2010 conference on SIGCOMM, SIGCOMM'10. ACM, New York, pp 327—338

[20] Weinstein SB (2009) The history of orthogonal frequency-division multiplexing. Comm. Mag. 47(11):26—35

[21] Where does power go? GreenData Project (2008). Available online at: http://www.greendataproject.org. Accessed date March 2012

[22] Xia K, Kaob Y-H, Yangb M, Chao HJ (2010) Petabit optical switch for data center networks. Technical report, Polytechnic Institute of NYU

[23] Xu L, Zhang W, Lira HLR, Lipson M, Bergman K (2011) A hybrid optical packet and wavelength selective switching platform for high-performance data center networks. Opt Express 19(24):24258—24267

[24] Yamada H, Chu TCT, Ishida S, Arakawa Y (2006) Si photonic wire waveguide devices. In: IEEE Journal of Selected Topics in Quantum Electronics, 12(6):1371—1379

[25] Ye X, Yin Y, Yoo SJB, Mejia P, Proietti R, Akella V (2010) DOS: a scalable optical switch for datacenters. In: Proceedings of the 6th ACM/IEEE symposium on architectures for networking and communications systems, ANCS'10. ACM, New York, pp 24:1—24:12

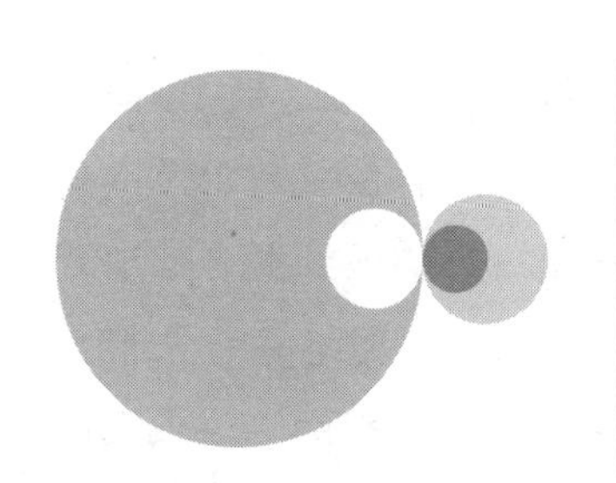

第 8 章 面向数据中心网络的拍比特无缓存光交换

8.1 引言

数据中心作为互联网的关键基础设施，可以为各种应用提供数据和计算密集型服务。并且，数据中心也是唯一可以支持诸如微软 Azure、亚马逊弹性计算云(EC2)、Google 搜索和 Facebook 等大规模云计算应用的平台。随着互联网应用的快速增长，数据中心在存储、计算能力以及通信带宽等方面的需求不断增长。目前，一个单体数据中心容纳成千上万台服务器的情况也并不少见。例如，已有报告指出 Google 的一个数据中心就拥有超过 45000 台服务器[35]。不过，尽管数据中心的规模已经很大，其仍在以指数速率不断增长[19]，预计单个数据中心内的服务器数量在近期就将达到数十万台。例如，微软正在建设一个最多可容纳 30 万台服务器的数据中心[34]。虽然 Google 没有透露其数据中心内的服务器数量，但是，根据被其称为 Spanner[14] 的新型存储和计算系统的设计目标，Google 在全球范围内拥有的服务器总数将高达上千万台。

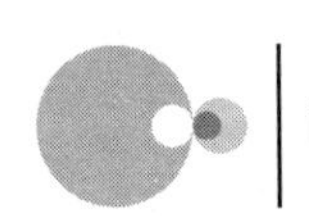

区别于传统的计算机集群，现代的数据中心已不再是一个简单的运行多个独立小任务的服务器组合。相反，为了求解大规模问题，服务器间需要协同工作。这通常会使得数据中心内部产生大量的数据交换需求。例如，在基于MapReduce进行搜索时，作业会被分派给多台服务器进行并行计算，然后再将中间结果收集起来进行后续处理以获得最终结果[15]。存储服务器需要定期将数据复制到多个位置以实现冗余备份和负载均衡。在允许虚拟机动态迁移的数据中心中，每次迁移都需要将系统镜像从原服务器传输到新服务器上，而这会带来大量数据的交换。为了支持这些应用，就要求数据中心网络能提供高带宽和低延迟，同时还要保证低复杂度。但是，当数据中心扩展到拥有数十万台服务器甚至更大规模时，如何构建出具有巨大带宽的互联网络是一个很大的挑战。对于一个拥有 30 万台服务器，且每台服务器拥有两个 1 Gb/s 以太网接口的数据中心，在无带宽收敛的情况下，其要求的网络带宽将达到 600 Tb/s。相比之下，思科的 CRS-3 系列路由器作为目前市场上容量最大的路由器，其所能提供的最大双向吞吐量也仅为 322 Tb/s。

当前的数据中心网络多采用如图 8.1 所示的多层架构[11]。同一机架上的服务器连接到一个或两个架顶(ToR)交换机上，多个 ToR 交换机再连接到接入交换机以形成集群。然后，接入交换机通过少数几台大容量汇聚交换机实现互联，汇聚交换机则进一步通过核心交换机互联。在这样的网络中，业务向上汇聚，因此需要在汇聚交换层和核心交换层上实现大容量交换。但是，出于降低交换机成本的考虑，目前各层均存在带宽收敛。根据参考文献[18]中的研究成果，ToR 交换机的收敛比通常为 1∶5 至 1∶20，而整个网络的收敛比可能达到 1∶240。

传统架构在扩展性方面存在若干问题。首先，网络存在收敛将导致带宽瓶颈，为此不得不在任务的设置和部署上进行特殊设计以便尽可能实现数据的本地化[33]，而这显然会给应用层带来额外的复杂性。其次，当数据包需要通过汇聚交换机和核心交换机才能到达目的地时，由于多跳必然会导致较长的延迟，特别是在重负载情况下，这个延迟将显著增加，并最终影响像证券交易[4]这样的延迟敏感型应用的性能。最后，网络布线和控制较为复杂，并且在数据中心规模扩展时，这个复杂度还将呈超线性增长。此外，传统架构还需要在不同层之间配置大量线卡以承载过境流量，但是相对于本地流量，它们并不产生直接效益，因此从经济成本上来讲也不划算。针对上述这些问题，最近已

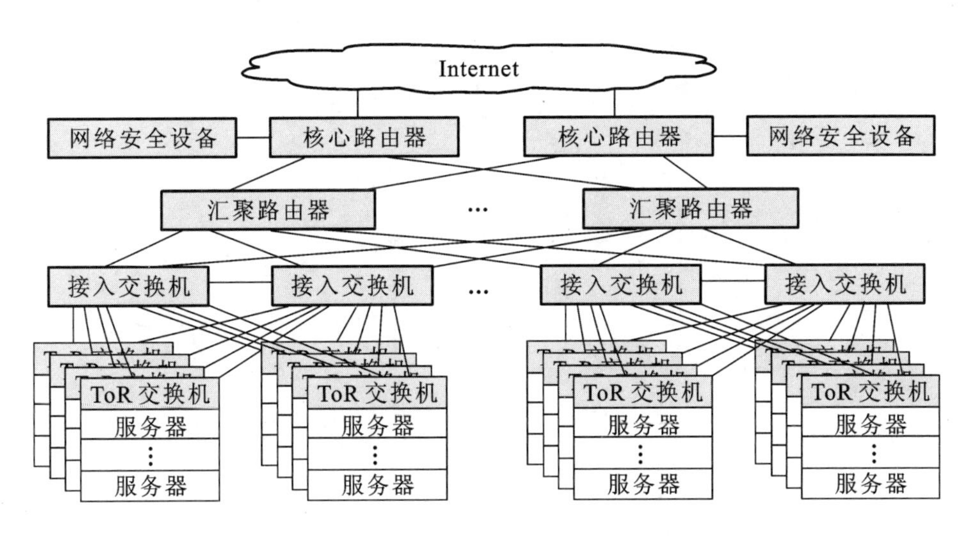

图 8.1　传统的数据中心网络架构

有文献提出了一些新的设计方案[2][17]~[20][24][38][41]，我们将在 8.6 节对其进行讨论。

在本章中，我们提出了如图 8.2 所示的扁平化数据中心网络，即直接通过一个大端口数的交换机来实现所有服务器机架间的互联。我们的目标是在单个交换机中支持一万个 100 Gb/s 端口，从而实现每秒拍比特(Pb/s)的交换容量。这一设计的主要贡献包括以下几方面。

● 充分利用光域的最新研究进展，并将其与电域的最佳特性相结合，设计了一个大容量的交换结构。通过扩展该结构能支持大量高速端口，同时保持低复杂度和低延迟。

● 设计了一种光互联方案，可以将 Clos 网络的连线复杂度从 $O(N)$ 降低到 $O(\mathrm{sqrt}(N))$，从而能适用于超大规模网络。

● 开发了一种实用且可扩展的分组调度算法，其复杂度低，吞吐量高。

● 通过对具体实现中的关键问题进行分析，证明了设计的可行性。

本章的剩余部分组织如下：8.2 节描述了交换架构，8.3 节提出了调度算法，8.4 节讨论了交换架构的具体实现，8.5 节给出了性能评估结果，8.6 节简要回顾了相关研究工作，最后在 8.7 节对本章进行总结。

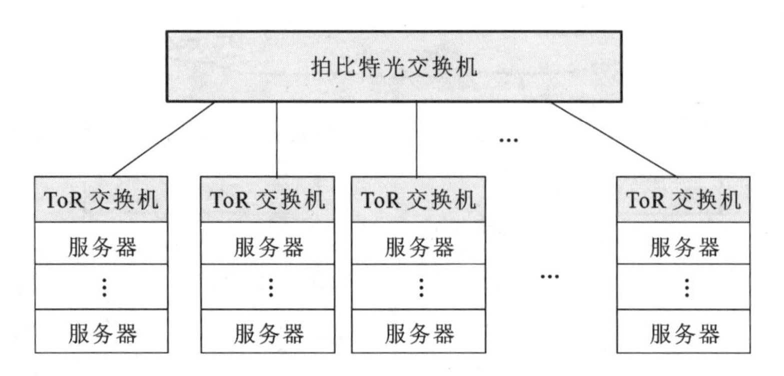

图 8.2 基于单个巨型交换机的扁平化数据中心网络

8.2 交换架构

我们所设计的交换架构如图 8.3 所示。ToR 交换机直接连接到大型交换机上，中间不经过任何的分组处理，仅是在连线上通过应用波分复用（WDM）技术以使得其更为简洁。大型交换机内部的交换结构是一个三级 Clos 光网络[9]，包括输入模块（IM）、中间模块（CM）和输出模块（OM），且各个模块均以阵列波导光栅路由器（AWGR）为核心。这种交换结构的一个显著特点是数据分组仅在线卡上缓存，因此无需在 IM、CM 和 OM 上配置缓存或者光纤延迟线。显然，这有助于降低实现复杂度，同时减小交换延迟。接下来，我们将进一步阐述设计的细节。

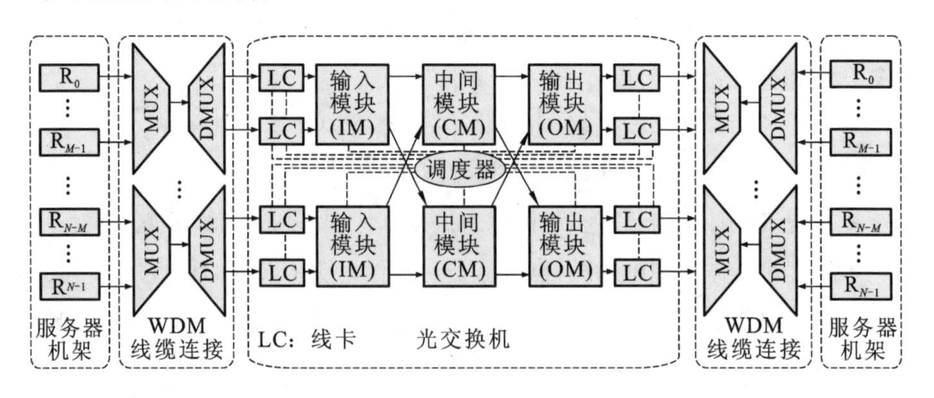

图 8.3 交换架构

8.2.1 光交换结构

我们在设计中使用到的两个主要光学器件是 AWGR 和可调波长变换

器(TWC)。

阵列波导光栅(AWG)是一个无源器件,如图 8.4(a)所示,其基于不同波长的光波之间发生干涉的原理来实现波长解复用。通过对波导长度进行特殊设计,可以使得每个波长都经历一个合适的相位延迟,从而能实现将输入的各个波长信号分别导向到特定的输出端口。AWG 可以用于在一个方向上实现 WDM 解复用,或在另一个方向上实现 WDM 复用。$M\times M$ AWGR 则是按照一种特定的方式将 M 个 $1\times M$ AWG 集成在一起,可以实现任一输出端口均以循环方式分别从每个输入端口接收一个特定波长。如图 8.4(b)所示,该方式确保输入端口 i 中的波长 λ_m 仅被引导至输出端口 $(i+m)\mathrm{mod}M$,其中, $i=0,1,\cdots,M-1$ 。因此,如果要从输入端口 i 向输出端口 j 发送信号,则必须使用波长 $\lambda_{M+j-i\mathrm{mod}M}$。

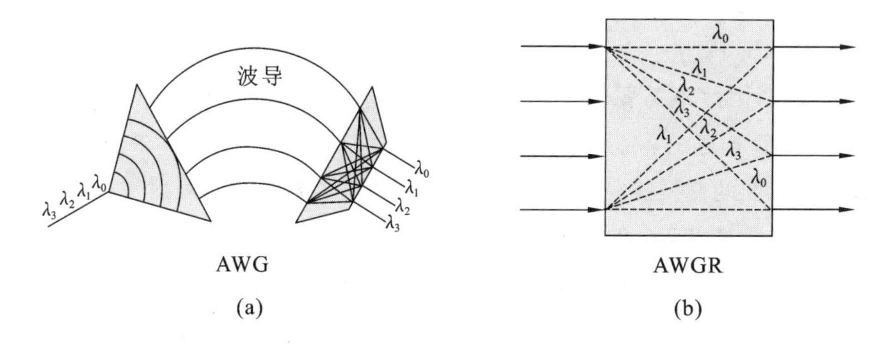

图 8.4　AWG 和 AWGR 的原理

由于 AWGR 所能支持的端口数量有限,因此其扩展性并不好。为了构建大规模的光交换结构,可以将多个 AWGR 进行级联以形成交换网络。但是,AWG 的特性决定了在这种网络中对于任一输入端口的一个特定波长,其路由均是固定的。为了实现交换结构的动态配置,我们需要使用 TWC 对输入信号进行波长转换。图 8.5 给出了一种典型的 TWC 结构。波长为λ_s的信号光与可调谐激光器产生的本地光λ_j一起输入半导体光放大器(SOA)中,由于 SOA 中的交叉调制,使得信号光λ_s能够改变本地光λ_j的增益和相位,从而将其所承载的数据转移到λ_j上。随后,经过一个基于 Mach-Zehnder 干涉仪(MZI)的滤波器,可以得到波长为 λ_j 并经整形后的干净脉冲信号。为了实现波长变换的动态调节,只需相应改变可调谐激光源的输出波长即可。基于当前的技术进展,已经可以实现高比特率信号的大范围波长变换。例如,参考文献[37]

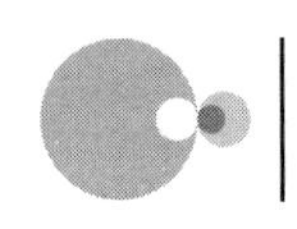

报道了可覆盖整个 C 波段的 SOA-MZI 单片集成全光波长变换器，参考文献[39]则验证了可以在 160 Gb/s 速率下实现无消光比恶化的波长变换。而就在近期，针对 160 Gb/s 信号进行整个 C 波段的全光波长变换也已成功实现[1]。

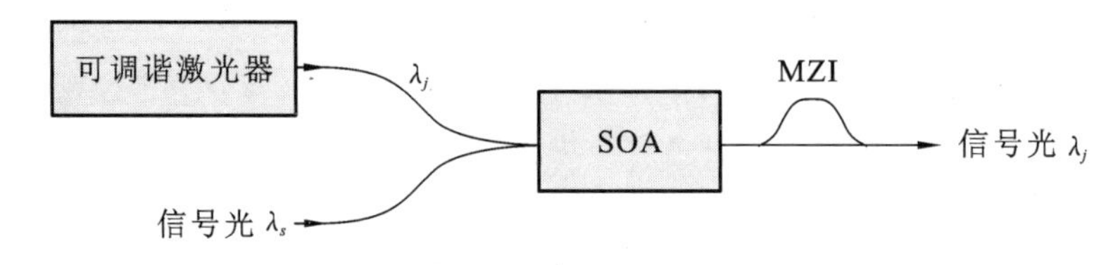

图 8.5　可调波长变换器

在 Clos 网络中，每个 IM、CM 和 OM 都包含一个 AWGR 以实现内部交换。同时，为了支持路由的动态调整，CM 和 OM 的每个输入端口上都配置有一个 TWC，而 IM 由于可以通过控制线卡上的可调谐激光器来改变其输入端口上的波长，因此不需要额外添加 TWC。图 8.6 中的示例给出了一个基于 2×2 AWGR 构建的 4×4 交换结构。若要在该结构中建立从一条输入端口 3 到输出端口 2 的交换路径，可以将线卡上的可调谐激光器的发射波长调到λ_0，对应的 CM 中的 TWC 保持这一波长λ_0不变，最后由 OM 中的 TWC 将λ_0变换至λ_1。当然，如有必要，可以在不同级之间加入放大器。

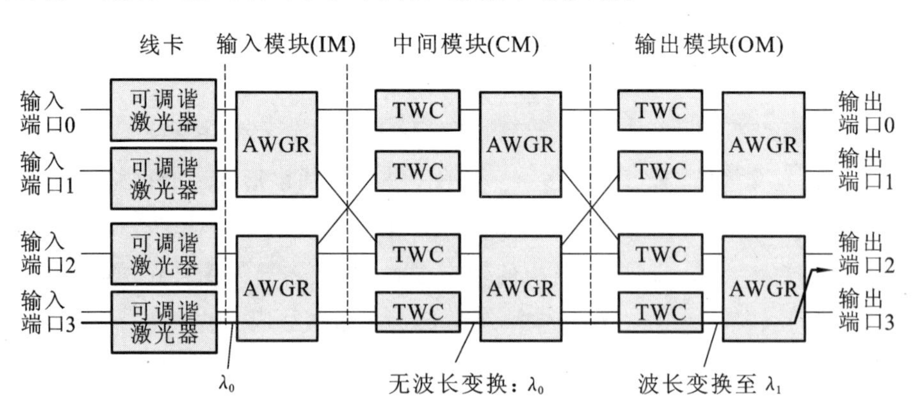

图 8.6　基于 2×2 AWGR 和 TWC 的 4×4 交换架构

这种基于 Clos 的交换结构具有良好的可扩展性。如果整个交换结构全部采用相同的 $M \times M$ AWGR，则其交换规模可以扩展至$M^2 \times M^2$。由于目前 128×128 AWGR 已经可用[42]，因此要达成我们在前面提及的一万个交换端口的设计目标是完全可行的。同时，相比于具有相同吞吐量的电交换结构，构建这种光交换结构也将有助于降低功耗。最后，有必要指出的是，虽然前面在讨论的交换结构主要以 AWGR 作为基本交换单元，但实际上只需要对这个交换结构的调度算法进行一些小的改动，也可以替换为其他类型的快速可重构光开关模块。

8.2.2 交换配置

我们以一个基于 $M\times M$ AWGR 构建的 $N\times N$ 交换结构为例，来讨论应该如何配置可调谐激光器和 TWC，即如何从$\lambda_0,\lambda_1,\cdots,\lambda_{M-1}$中为其选择合适的波长，以便建立一条从输入端口 i 经由 CM k 到输出端口 j 的路径，其中，$i,j=0,1,\cdots,N-1$ 且 $k=0,1,\cdots,M-1$。

(1) 线卡上的可调谐激光器：输入端口 i 在与之连接的 IM 上的本地输入索引号为

$$i^* = i\bmod M \tag{8.1}$$

由于 IM 是通过其输出端口 k 连接到 CM k，因此，输入端口 i 上的可调谐激光器的发射波长应该被调谐到

$$\lambda_{\mathrm{IM}}(i,j,k)=\lambda_{M+k-i^* \bmod M} \tag{8.2}$$

(2) CM 中的 TWC：与该条路径对应的 IM 和 OM 的索引号分别为

$$I=[i/M] \tag{8.3}$$

和

$$J=[j/M] \tag{8.4}$$

显然，CM k 的任务就是将其输入端口 I 连接到其输出端口 J，因此对应的 TWC 应该被调整为能将输入波长$\lambda_{\mathrm{IM}}(i,j,k)$转换为

$$\lambda_{\mathrm{CM}}(i,j,k)=\lambda_{M+J-I\bmod M} \tag{8.5}$$

(3) OM 中的 TWC：CM k 被连接到 OM J 的输入端口 k 上，而 OM J 上与输出端口 j 相对应的本地输出索引号是

$$j^* = j\bmod M \tag{8.6}$$

因此，OM 中的 TWC 应该配置为能将输入波长$\lambda_{\mathrm{CM}}(i,j,k)$转换为

$$\lambda_{\mathrm{OM}}(i,j,k)=\lambda_{M+j^* - k\bmod M} \tag{8.7}$$

8.2.3 基于帧的交换

虽然光交换结构支持动态重构，但重构所需的时间开销却不可忽略。由于 AWGR 不需要重新配置，因此重构时间取决于 TWC 和线卡上可调谐激光

器的切换时间。贝尔实验室的研究人员已经展示了具有纳秒级切换时间的单片集成可调波长变换器,并且还验证了通过适当的电匹配,可调谐激光器的切换时间可以达到亚纳秒[6]。但是尽管如此,纳秒级的切换时间仍不足以支持每个分组进行交换,毕竟一个长度为64 B的以太网数据包在100 Gb/s链路上的持续时间只有5.12 ns。

因此,我们在数据平面中采用基于帧的交换,以减小切换时间的影响。分组在输入线卡处被封装成固定尺寸的帧,然后在输出线卡中再被解封装。在具体设计中,我们将交换结构内的帧大小设置为200 ns。为了简单起见,在封装时不允许将一个分组分割到两个帧中。另外,考虑到交换结构的重构时间以及帧同步的偏差,在两个连续的帧之间插入保护带。

8.2.4 地址管理

我们采用了扁平化的二层地址空间,这样有利于简化应用的部署和虚拟机(VM)的管理,例如,可以不用更改VM的IP地址就将其迁移到新的位置。地址的管理由一个集中控制平面负责。这里需要指出的是,由于数据中心与自治系统类似,且其空间尺度较小,因此已有一些数据中心的网络设计采用了集中控制方式[17][18][38]。

中央控制器按照以下方式进行地址的分配与解析。

- 当服务器(或VM)启动时,控制器为其分配一个IP地址,并相应创建一条记录以保存其MAC、IP以及机架索引等信息。

- 修改地址解析协议(ARP)。例如,可以通过修改管理程序,使得每个ARP请求都使用单播被发送到中央控制器,控制器则相应返回与目的IP地址对应的MAC地址和机架索引信息。机架索引会被嵌入分组头中,核心交换机将根据它来确定输出端口。正是由于机架索引可以直接转换为对应的输出端口号,而无需查表,因此这种设计将显著降低复杂度。

8.2.5 线卡设计

线卡的结构如图8.7所示。为了实现高速率和低复杂度的线卡设计,我们去除了一些数据中心网络中不需要的或是可以分散到网络中其他位置实现的功能。

在线卡面向服务器的入口方向,由分类模块将数据分组相应分配到各个VOQ。注意,由于每个数据分组均携带有一个用于标识目的机架索引的标

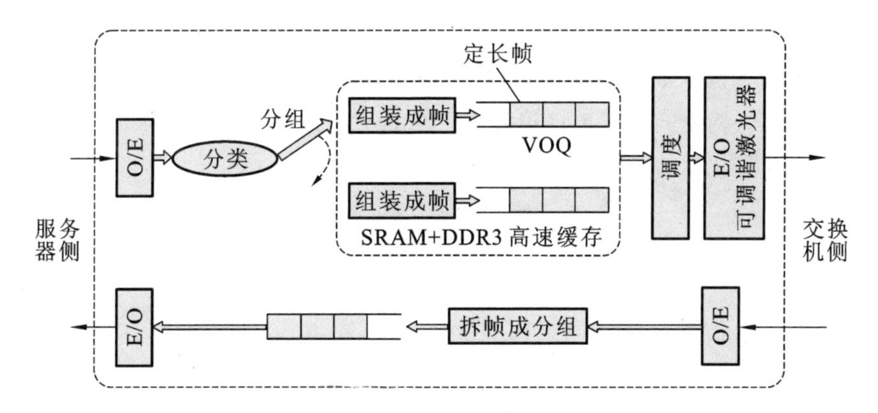

图 8.7 线卡结构

签,而该标签可以被直接转换为对应的 VOQ 索引,因此线卡并不用进行地址查询。同一 VOQ 中的分组被组装成固定大小的帧。考虑到交换机的端口规模很大,显然为每个输出端口都维护一个 VOQ 将会过于复杂。为此,我们在设计中选择仅为每个 OM 创建一个 VOQ。虽然这样的方案不能完全避免队头(HOL)阻塞,但是却能够有效减少队列数量并降低硬件复杂性。而且仿真也表明,只要能对调度算法和加速比进行合理设计,就可以克服 HOL 阻塞,并获得接近 100%的吞吐量。

在线卡去往服务器的出口方向,帧被拆解成数据分组,并在简单缓存之后送往相应的目的机架。这里之所以需要缓存,是因为交换结构会使用加速模式以便实现高吞吐量。为了避免出现输出缓存溢出和丢包,一旦缓存队列的长度超过了某个预设的阈值,将触发产生背压信号,以通知调度器暂停向该缓存队列所在的输出端口调度数据分组。另外,在实现高速缓存上,我们采用了已经广泛应用的 SRAM 和 DRAM 混合结构[23]。

8.3 调度算法

8.3.1 问题描述

考虑一个基于 $M\times M$ 模块构建的 $N\times N$ 交换结构($N=M^2$),流量需求可以表示为一个二进制矩阵 $\{d_{i,j}\}$,其中,$d_{i,j}=1$ 意味着至少有一个帧正在等待从输入端口 i 交换到输出端口 j($i,j=0,1,\cdots,N-1$)。调度的目标就是要找到一个从各个输入端口到输出端口的二分匹配,并为其中的每个匹配都分配一个合适的CM,以使得吞吐量能够最大化。我们使用二进制变量$s_{i,j}(k)=1$来表示一个从输入端口i,经由CM k到输出端口j的匹配,其中,$k=0,1,\cdots,M-1$。那么,调度问题则可以建模成一个如下所述的二进制线性规划问题。

最大化:

$$\sum_{k=0}^{M-1}\sum_{i,j=0}^{N-1} s_{i,j}(k)\, d_{i,j} \tag{8.8}$$

约束条件:

$$\sum_{k=0}^{M-1}\sum_{j=0}^{N-1} s_{i,j}(k)\leqslant 1, \forall i=0,1,\cdots,N-1 \tag{8.9}$$

$$\sum_{k=0}^{M-1}\sum_{i=0}^{N-1} s_{i,j}(k)\leqslant 1, \forall j=0,1,\cdots,N-1 \tag{8.10}$$

$$\sum_{i,j=0}^{N-1} s_{i,j}(k)\leqslant M, \forall k=0,1,\cdots,M-1 \tag{8.11}$$

目标函数(8.8)是对所能建立的连接(即输入/输出匹配)的数量进行最大化。约束条件(8.9)指在每个输入端口上最多只能建立一条连接,约束条件(8.10)指在每个输出端口上最多也只能建立一条连接,而约束条件(8.11)则是指每个CM最多只能支持建立M条连接。

输入排队交换机中的调度问题已经被广泛地研究。比较有代表性的算法包括并行迭代匹配(PIM)[3]、iSLIP[31]、双轮询匹配(DRRM)[8][10][27]、最长队列优先(LQF)、最早信元优先(OCF)[32]等。在基于Clos结构的交换机中,针对路由问题也有诸多研究,并提出了不少算法,如m-matching[22]、Euler分割算法[12]、Karol算法[9]。不过,出于实现复杂度方面的考量,上述这些算法并不能适用于非常大的交换结构(如10000×10000)。

8.3.2 帧调度算法

我们设计了一种实用且可扩展的迭代帧调度算法。每个IM、CM和OM均对应有一个调度模块,分别称为IM调度器(SIM)、CM调度器(SCM)和OM调度器(SOM)。整个调度算法的执行需要经历H次迭代,具体过程如下。

- 请求:每个输入端口均按照轮询方式选取H个VOQ,并发送请求到相应的SIM。

- 迭代:重复以下步骤H次,并且在第h个迭代周期($h=1,\cdots,H$)中,我们只考虑来自每个输入端口的第h次请求。

(1) 请求过滤:如果一个输入端口已经在之前的迭代中得到了授权,那么其请求在后续迭代过程中将被滤除；如果有多个请求竞争同一个输出端口，SIM 将从中随机选取一个请求。

(2) CM 分配：SIM 为每个请求都随机分配一个可用的 CM，并将该请求发往对应的 SCM。

(3) CM 仲裁：如果 SCM 接收到指向同一 OM 的多个请求，则按照轮转方式从中选取一个，所有被选取的请求都将被发往各自对应的 SOM。

(4) OM 仲裁：对于任意一个输出端口，如果它在之前的迭代过程中没有响应任何请求，并且在当前也没有进行反压操作，则它所对应的 SOM 将按照轮转方式给第一个请求授权。

在我们的交换结构中，存在两个可能发生冲突竞争的地方，即 CM 和输出端口。为此，我们综合应用了多种解决冲突竞争的方法。首先，通过引入随机性来减少冲突出现的概率。其次，针对每个输入生成 H 个请求。不过需要注意的是，尽管这有助于缓解冲突竞争，但是也将导致较高的控制通信开销。另外，采用多次迭代和加速。仿真表明，当采用三次迭代和 1.6 倍加速时，调度算法在各种流量分布和交换规模下均能获得几乎 100%的吞吐量。

8.3.3 分组调度器设计

图 8.8 给出了我们所提出的分组调度算法的实现框架，由三级组成：①SIM级进行 CM 的分配；②SCM 级对输出链路进行仲裁；③SOM 级对输出端口进行仲裁。一个请求由 15 个比特位组成，其中，第一位指示是否有请求，剩余的 14 位则用于指定具体的输出端口地址。

每个 SIM 都包含有一个过滤器。这个过滤器需要从那些去往同一输出端口的请求中选取一个。被选中的请求将被随机分配一个可用的 CM，然后被发送到相应的 SCM。注意，每个 SIM，如 SIMi，都有一个维护表征 CM 可用性的向量$\boldsymbol{A}_i$，该向量具有 M 位，“1”表示去往 CM 的链路可用，“0”为不可用。请求过滤和 CM 分配的具体过程，我们将在后续详细阐述。至于 SCM 中输出链路的仲裁以及 SOM 中输出端口的仲裁，它们都是基于简单的轮转方式执行，因此可以较为容易地实现 128 位的仲裁。

如图 8.9 所示，请求过滤器首先按照输出端口地址对请求进行排序。在具体实现方式上，可以采用具有多级比较器的批量排序网络[5]。排序之后，对于具有相同输出端口的请求，过滤器将只保留其中的第一个请求，其他请求由于存在冲突将被滤除。

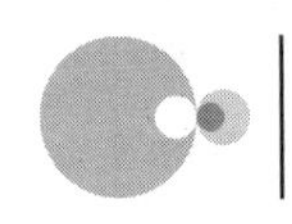

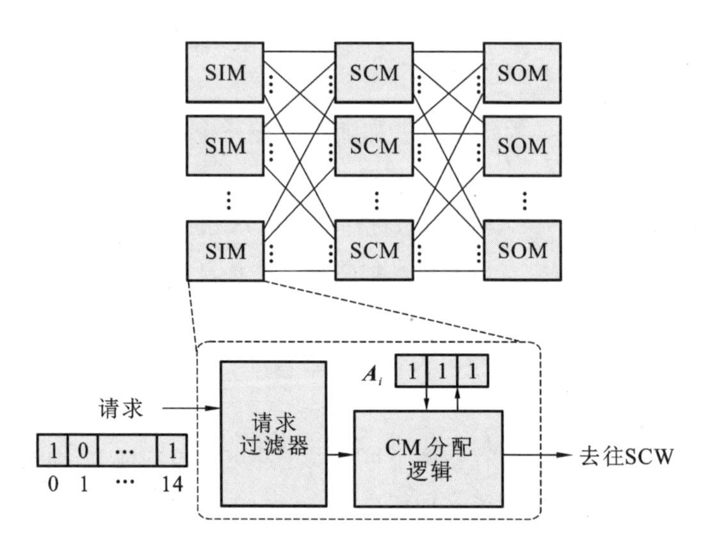

图 8.8 采用三级仲裁的分组调度器

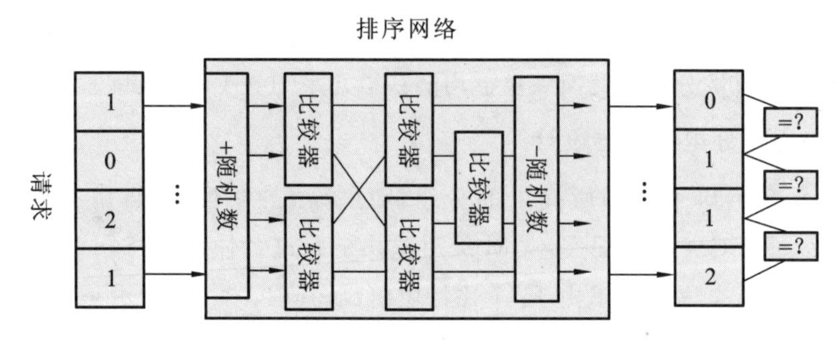

图 8.9 请求过滤器的结构

当然，为了保证公平性，也可以从这些存在冲突的请求中随机选择一个。为此，我们可以在排序之前给每个请求附加一个随机数，在排序完成以后，再将该随机数从请求中删除即可。例如，假定输入端口 3 和 4 均请求建立去往输出端口 1 的连接，如果为它们添加的随机数分别是 3 和 6，那么待排序的数值则变为 10000011 和 100000110，这样，输入端口 3 的请求将排在前面从而被保留。随机数的产生可以采用简单的基于热噪声的方法[13]。

CM 分配的处理逻辑如图 8.10 所示。按照具有请求（即对应比特位为 1）的输入端口在前的方式，对输入端口进行排序，得到输入端口向量。类似的，按照可用 CM（即对应比特位为 1）在前的方式，对 CM 进行排序，得到 CM 向量。通过匹配两个向量，可以实现为请求随机分配 CM。由于在之前的请求过滤器(见图 8.9)中已经对请求序列进行了随机化处理,因此这里就没有必要再额外添加随机性了。

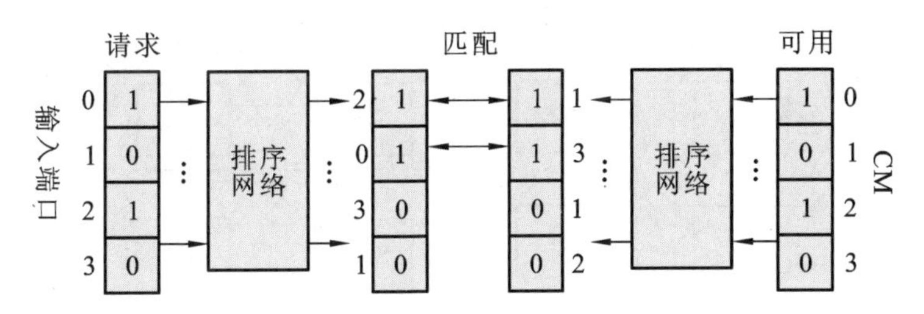

图 8.10　基于双排序的 CM 分配

针对分组调度器,我们已经进行了相关的 VHDL 代码设计,并应用 Cadence Encounter RTL 编译器,基于 ST Microelectronics 公司的 65 nm 工艺,对所设计的代码进行综合优化与仿真分析。结果表明,对于端口规模为 10000×10000 的交换结构,调度延迟仅为 21 ns。

8.3.4　多芯片调度器及芯片间互联

由于总的 I/O 带宽太高,因此不太可能基于单个芯片来实现分组调度器。在本节中,我们将讨论更为可行的多芯片实现方案。

基于我们对性能的研究,为了实现高吞吐量和低延迟,分组调度器需要进行三次迭代才能应对每个线卡产生不多于三个不同请求时的仲裁。在一个调度周期内,每个线卡可以发送三个请求(每个请求大小为 15 b)到分组调度器,并接收一次授权信号。因此,从线卡到与其对应的 SIM 的链路带宽为 225 Mb/s(45 b/200 ns),这也意味着分组调度器中不同级之间的链路带宽同样需要达到 225 Mb/s。与传递请求的这些前向路径相比,反向路径上用于承载确认信号(授权/拒绝)的带宽则可以忽略不计。对于一个 10000 端口的分组调度器,其线卡与调度器之间以及调度器的不同级之间的总带宽均将达到 2.25 Tb/s,这对于单芯片调度器来说太高了。为此,我们研究了两种方法,以便能将分组调度功能分散到存在 I/O 带宽限制的多块芯片上来实现。

第一种方法是将 k 个 SIM 组合进一个芯片,如图 8.11(a)所示,对于 SCM 和 SOM 也可做同样处理。不过这就需要采用三种不同类型的芯片来实现调度器,因此在成本上并不划算。第二种方法则是将同一行中的 k 个 SIM、k 个 SCM 和 k 个 SOM 划分到一个芯片,如图 8.11(b)所示,这样只需要一种芯片即可。每个芯片的最大前向链路数为:

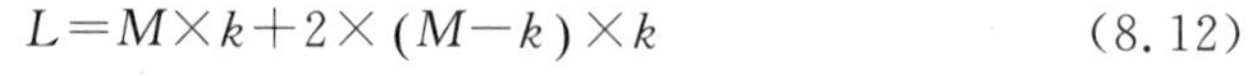

$$L = M \times k + 2 \times (M - k) \times k \tag{8.12}$$

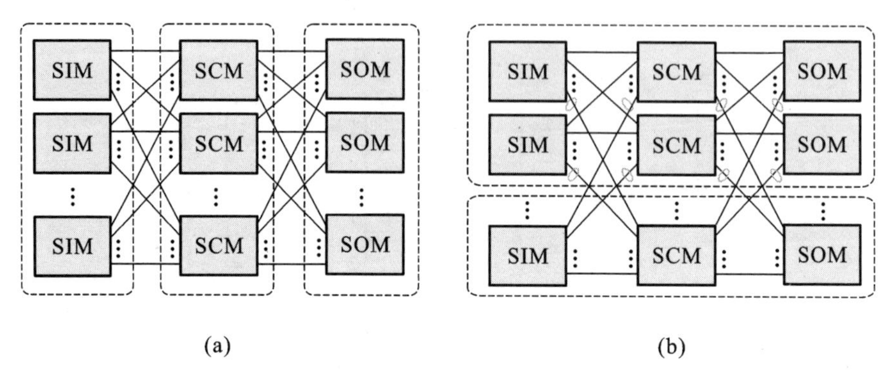

图 8.11　三级分组调度器的分割方式

这是由于,一方面每个 SIM 有 M 条链路连接到线卡,而每个芯片上有 k 个 SIM,因此从线卡到 SIM 的总链路数为 $M \times k$;另一方面,在每个芯片上,SIM 和 SCM 之间有 $(M-k) \times k$ 个芯片间链路(在图 8.11(b)中圈出),SCM 和 SOM 之间的芯片间链路数量与此相同。如果每条链路的速率为 r,那么每个芯片的 I/O 带宽为

$$C_R = L \times r \tag{8.13}$$

另外,第二种方法还能更好地降低连线复杂度,因为有一部分链路已经成为片内连接。为此,我们希望能够最大化 k 值,以减少芯片数量以及芯片间的链路数量。在当前技术条件下,已经可以实现单芯片 470 Gb/s 的 I/O 带宽[30]。因此,对于 10000 端口的调度器,如果令 $C_R < 470$ Gb/s,可以得到 $k=7$,即调度器可以使用 15 块芯片来实现,且每个芯片的双向 I/O 带宽为 450 Gb/s,基于 10 Gb/s SERDES 即可实现。

8.4　实现

8.4.1　机架与布线

我们采用多机架方案来搭建所提出的大规模交换机。其中,交换结构单独放置在一个机架上,而线卡部分则分布在多个机架上。

在搭建过程中,交换结构内的连线是一个巨大的挑战,毕竟在其相邻两级之间存在有多达 M^2 条互联链路,并且每个模块的链路都要被分散开来以互联其相邻一级的所有模块,这就使得我们无法直接利用 WDM 技术来简化布线。

不过,如果在相邻的两级之间额外放置一个 AWGR,再结合 WDM 技术,则可以将连接数从M^2减少到 M。具体原理如图 8.12 所示,通过在 IM 的输出端口配置一系列的固定波长转换器(WC),可以实现按照固定的模式,将每个 IM 的输出都转换为 M 个不同的波长,然后,这些波长就可以被复用进单根光纤再被发送到 $M\times M$ AWGR。基于 AWGR 的循环特性,来自各个 IM 的多波长信号将被无阻塞地交叉连接到各自的输出端,并且在输出端口上来自不同 IM 的信号又自动复用成 WDM 信号,因此又可以简单地通过 M 根光纤传输到 CM,最后再被解复用成 M 路信号。

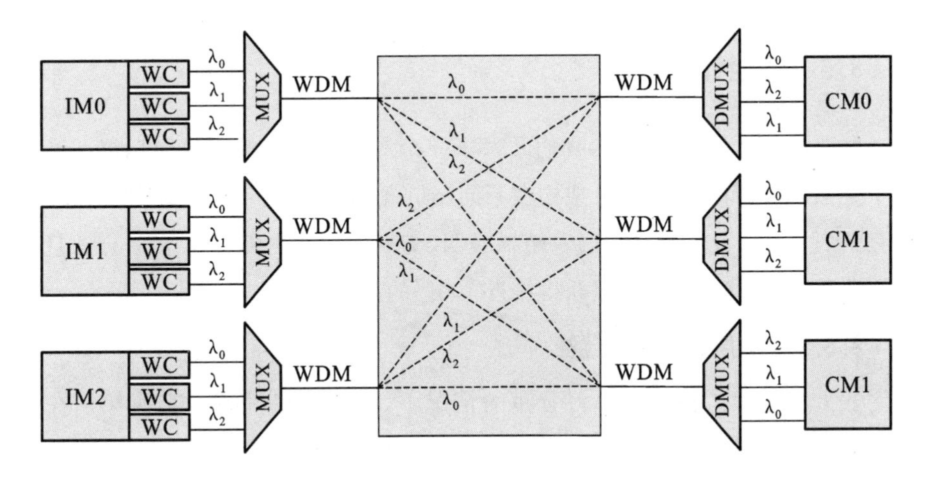

图 8.12　通过 WDM 和 AWGR 降低 Clos 网络不同级之间的连线复杂度

至于服务器机架与线卡机架,以及线卡机架与交换机机架之间的互联,我们可以直接借助 WDM 技术来大幅降低布线复杂度。

8.4.2　定时与帧对齐

光信号在光纤中的传播时延约为 5 ns/m。由于我们将帧长设置为 200 ns,因此光模块之间的传输延迟不可忽略。考虑到光交换结构本身是无缓存的,比较理想的是让来自不同路径的帧能够精确对齐。但在具体实现上,这个限制条件过于严格,为此我们可以在相邻帧之间插入保护带,并用可调光纤延时线来补偿不同路径之间存在的传输延迟差。当然,引入这个保护带同时也考虑到了光开关的重配置时间,其一般为纳秒量级。

用于实现帧对齐的光纤延时线需要配置在每个 IM、CM 和 OM 的输入端,其长度可以根据实际测量的传输延迟来确定。显然,测量传输延迟以及配置光纤延时线仅在系统启动或重新布线后执行一次即可。

我们将调度器与光交换结构放在同一机架上。从线卡机架到交换机架的距离受限于帧长，这是因为请求信号从线卡传递到调度器，再由调度器完成调度，以及授权信号从调度器传递回线卡，都必须在一个帧周期(200 ns)内完成。根据8.3.3节的分析已知，针对一个端口规模为10000×10000的交换结构进行调度需要21 ns。这样，用于传递请求/授权信号的时间只有179 ns。因此，线卡机架到交换机架之间的最大距离约179 m。通过合理摆放线卡机架和交换结构，这个距离限制对于典型的数据中心一般都能满足。

8.5 性能评估

针对所设计的交换架构，我们开发了一个周期精确的帧交换模拟器。基于这个模拟器，我们分析了交换架构在不同端口规模和不同流量模型下的吞吐量、缓存队列长度以及平均帧延迟。结果表明，交换架构在内部加速比为1.6，且调度算法采用三次迭代时，可以获得接近100%的吞吐量。

8.5.1 扩展性和吞吐量

表8.1显示了在流量均匀分布的情况下，不同端口规模的交换架构在负载分别为80%和90%时的吞吐量、平均队列长度和平均延时。从中可以看出，在吞吐量方面，各种端口规模的交换架构都能接近100%。至于平均延时，其在负载为80%时只相当于帧持续时间(200 ns)的两倍多一点。需要特别指出的是，各项性能基本上都与交换端口规模无关，这表明我们所设计的这个交换架构具有良好的可扩展性。

表8.1 不同交换端口规模下的性能

交换端口数目	10000	4096	1024
吞吐量	99.6%	99.6%	99.6%
平均队列长度，80%负载(帧)	1.53	1.52	1.51
平均队列长度，90%负载(帧)	2.17	2.15	2.11
平均延时，80%负载(帧)	2.27	2.27	2.25
平均延时，90%负载(帧)	5.19	5.17	5.13

8.5.2 延迟性能

图 8.13 显示了端口规模为 1024×1024 时的交换延迟性能。仿真中，我们使用了以下几种流量模型。

- 均匀：每个输入端口的流量均匀地去往所有输出端口。
- 转置：输入端口 i 的流量只去往输出端口 $(i+1)\mathrm{mod}N$。
- 非均匀：50%的流量是均匀的，50%的流量是转置的。
- 集群化：输入端口 i 的流量均匀地去往输出端口 $(i+k)\mathrm{mod}N(k=1,\cdots,10)$。

图 8.13 的结果表明，在各种流量下，交换架构都可以获得较好的延迟性能。并且，由于转置流量下不存在输出端口冲突，因此其性能最好。相反，集群化流量下输出端口竞争最突出，但尽管如此，在负载小于 95%时，其延迟依然非常小。

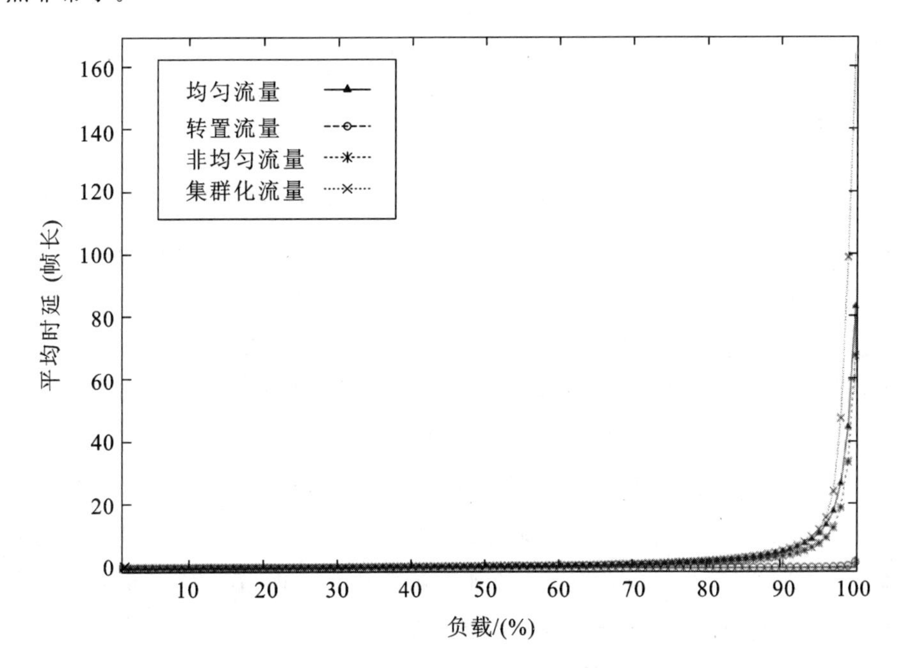

图 8.13　不同负载下的平均延迟(以帧长为单位)

至于是否可以通过在调度时使用更多次的迭代来提升性能，由图 8.14 中的仿真结果表明，虽然一次迭代和两次迭代还不够，但三次迭代已经能获得足够好的性能。

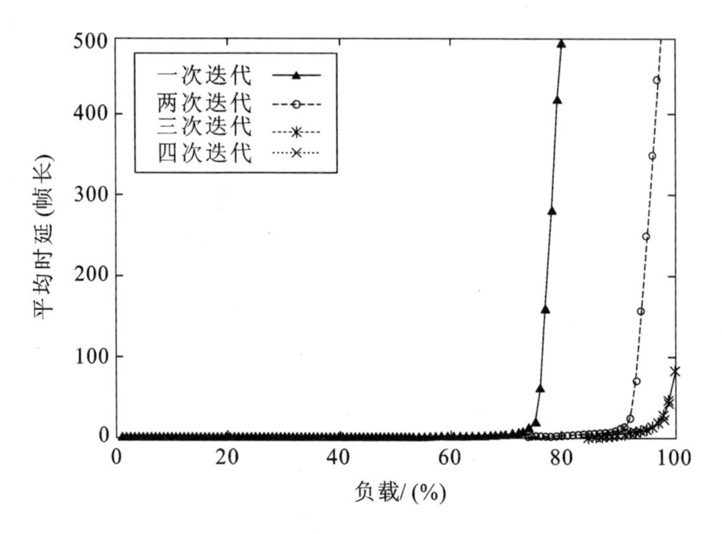

图 8.14　不同迭代次数下的平均延迟(以帧长为单位)

8.6　相关工作

随着数据中心规模的快速增长,如何设计新型的数据中心架构得到了极大的关注。一种方法是使用大量的小型商用交换机来扩展数据中心网络,代表性的设计方案包括 Portland[38] 和 VL2[18]。其中,Portland 采用三级胖树拓扑,利用 k 端口交换机能支持 $k^3/4$ 台主机间的无阻塞通信。VL2 则是基于 Clos 网络将 IP 交换机互联在一起以实现拓扑扩展。此外,这两个方案都提出了应该将节点的命名与寻址分开,即除了用于标识节点的真实地址之外,再设计一个隐含其位置信息的地址用于网络路由,两个地址间的映射关系由一个集中控制器管理。至于网络中布线的复杂度,可以通过将多个交换模块封装在一起来降低[16]。同样的,我们也采用了多个小交换模块来实现拓扑扩展,但不同之处在于我们的设计通过采用无缓存的光交换模块来提高性能和减少复杂度。

另一种方法是以服务器为中心,即服务器不仅执行计算任务,同时也要承担分组交换任务。这类设计包括 DCell[19]、BCube[20] 和 DPillar[28]。基于它们所提出的拓扑结构,以服务器为中心的数据中心可以扩展到容纳数十万台服务器。不过,由于通用服务器一般都没有针对快速可靠的分组交换进行优化,因此,为了保证端到端时延性能以及网络弹性,往往需要额外添加专用的软硬件处理模块。

最近报道的两个方案，即 Helios[17] 和 HyPaC[41]，提出为分组交换网络增加一个光路交换网络作为补充。光路交换具有高带宽、低成本和低功耗等优点，但也存在交换重配置时间较大的问题。因此，应用 Helios 和 HyPaC 的关键是能对流量的特性进行实时检测，以便动态建立光路来承载合适的业务。另外，为了避免频繁的光路重构并最小化重构所带来的影响，良好设计的调度策略也是必不可少的。

在高速交换机设计领域，TrueWay 交换机[9] 和思科 CRS-1 路由器[40] 均采用了基于有缓存交换模块的多级多平面架构。虽然在扩展性方面，这种架构要优于单级输入排队交换机，但仍然会受限于功耗、多级排队延迟和硬件复杂度等方面。负载均衡交换机采用两级架构，其中第一级执行负载平衡，之后再由第二级将数据分组分发到目的地[7][25][26]。由于这两级都只需要按照周期性序列进行交换，而不必引入任何调度，因此交换复杂度较低。但是在扩展到多端口时，由于交换序列固定以及分组重排序而导致的延迟将大幅增加，这使得其不适用于数据中心应用。在光分组交换领域，实现全光交换的主要障碍是缺少光随机存取存储器。为此，Data Vortex[21] 提出了基于透明波长交换并与偏射路由相结合的大容量光交换架构。其中，引入偏射路由可以避免使用缓存，但是当交换规模变大时也可能导致显著的延迟。光学共享内存超级计算机互联系统(OSMOSIS)[29][36] 则提出了基于 SOA 光开关和广播选择结构的 crossbar 光交换系统，同时应用基于空间和波长的多路复用技术以增加交换容量，并成功搭建了一个 64 端口、链路速率 40 Gb/s 的演示系统。与传统的 crossbar 交换系统一样，OSMOSIS 的扩展性也受限于其硬件复杂度：$o(N^2)$。此外，在多端口扩展时，广播结构也受限于信号功率。

8.7 结论

为了满足数据中心网络的高容量、低延迟和低复杂性等需求，我们提出了一个超大规模的交换结构。该结构充分结合了光电子的各自优点，能有效降低复杂性。我们也提出了可扩展且实用的调度算法，并讨论和验证了其硬件实现方案。同时，我们还针对性地设计了新型的互联网络，以便能大幅降低布线复杂度。仿真结果表明，该交换结构在各种流量模式下均可以获得非常高的吞吐量。

参考文献

[1] Akimoto R, Gozu S, Mozume T, Akita K, Cong G, Hasama T, Ishikawa H (2009) All optical wavelength conversion at 160Gb/s by intersubband transition switches utilizing efficient XPM in InGaAs/AlAsSb coupled double quantum well. In: European conference on optical communication, pp 1—2, 20—24

[2] Al-Fares M, Loukissas A, Vahdat A (2008) A scalable, commodity data center network architecture. In: SIGCOMM'08: Proceedings of the ACM SIGCOMM 2008 conference on data communication. ACM, New York, pp 63—74

[3] Anderson TE, Owicki SS, Saxe JB, Thacker CP (1993) High speed switch scheduling for local area networks. ACM Trans Comp Syst 11: 319—352

[4] BachA (2009) High Speed Networking and the race to zero. Keynote speech, 2009 IEEE Symposium on High Performance Interconnects. ISBN: 978-0-7695-3847-1

[5] Batcher K (1968) Sorting networks and their applications. In: American Federation of Information Processing Societies conference proceedings, pp 307—314

[6] Bernasconi P, Zhang L, Yang W, Sauer N, Buhl L, Sinsky J, Kang I, Chandrasekhar S, Neilson D (2006) Monolithically integrated 40-Gb/s switchable wavelength converter. J Lightwave Technol 24(1): 71—76

[7] Chang C-S, Lee D-S, Lien C-M (2001) Load balanced Birkhoff-von Neumann switches with resequencing. SIGMETRICS Perform Eval Rev 29(3): 23—24

[8] Chao H (2000) Saturn: a Terabit packet switch using dual round robin. IEEE Comm Mag 38(12): 78—84

[9] Chao HJ, Liu B (2007) High performance switches and routers. Wiley-IEEE Press. ISBN: 978-0-470-05367-6, Hoboken, New Jersey

[10] Chao HJ, soo Park J (1998) Centralized contention resolution schemes for a large-capacity optical ATM switch. In: Proceedings of IEEE ATM Workshop, pp 11—16

[11] Cisco (2007) Cisco Data Center infrastructure 2.5 design guide. Cisco Systems, Inc.

[12] Cole R, Hopcroft J (1982) On edge coloring bipartite graph. SIAM J Comput 11(3):540—546

[13] Danger JL, Guilley S, Hoogvorst P (2009) High speed true random number generator based on open loop structures in FPGAs. Microelectron J 40(11):1650—1656

[14] Dean J (2009) Large-scale distributed systems at Google: current systems and future directions. In: LADIS'09: ACM SIGOPS international workshop on large scale distributed systems and middleware. Keynote speech, available online at www.cs.cornell.edu/projects/ladis2009/talks/dean-keynote-ladis2009.pdf Accessed Sep 2012

[15] Dean J, Ghemawat S (2008) MapReduce: simplified data processing on large clusters. Comm ACM 51(1):107—113

[16] Farrington N, Rubow E, Vahdat A (2009) Data center switch architecture in the age of merchant silicon. In: 7th IEEE Symposium on High Performance Interconnects (HOTI) pp 93—102

[17] Farrington N, Porter G, Radhakrishnan S, Bazzaz HH, Subramanya V, Fainman Y, Papen G, Vahdat A (2010) Helios: A hybrid electrical/optical switch architecture for modular data centers. In: SIGCOMM'10: Proceedings of the ACM SIGCOMM 2010 conference on data communication. ACM, New York

[18] Greenberg A, Hamilton JR, Jain N, Kandula S, Kim C, Lahiri P, Maltz DA, Patel P, Sengupta S (2009) VL2: a scalable and flexible data center network. In: SIGCOMM'09: Proceedings of the ACM SIGCOMM 2009 conference on data communication. ACM, New York, pp 51—62

[19] Guo C, Wu H, Tan K, Shi L, Zhang Y, Lu S (2008) DCell: A scalable and fault-tolerant network structure for data centers. In: SIGCOMM'08: Proceedings of the ACM SIGCOMM 2008 conference on data communication. ACM, New York, pp 75—86

[20] Guo C, Lu G, Li D, Wu H, Zhang X, Shi Y, Tian C, Zhang Y, Lu S (2009) BCube: a high performance, server-centric network architecture for modular data centers. In: SIGCOMM'09: Proceedings of the ACM SIGCOMM 2009 conference on data communication. ACM, New York, pp 63—74

[21] Hawkins C, Small BA, Wills DS, Bergman K (2007) The data vortex, an all optical path multicomputer interconnection network. IEEE Trans Parallel Distrib Syst 18(3): 409—420

[22] Hopcroft J, Karp R (1973) An n5/2 algorithm for maximum matchings in bipartite graphs. SIAM J Comput 2(4): 225—231

[23] Iyer S, Kompella R, McKeown N (2008) Designing packet buffers for router linecards. IEEE/ACM Trans Networking 16(3): 705—717

[24] Juniper (2010) Network fabrics for the modern data center. White Paper, Juniper Networks, Inc.

[25] Keslassy I (2004) The load-balanced router. PhD thesis, Stanford University, Stanford, CA, USA. Adviser-Mckeown, Nick

[26] Keslassy I, Chuang S-T, Yu K, Miller D, Horowitz M, Solgaard O, McKeown N (2003) Scaling internet routers using optics. In: SIGCOMM'03: Proceedings of the ACM SIGCOMM 2003 conference on data communication. ACM, New York, pp 189—200

[27] Li Y, Panwar S, Chao H (2001) On the performance of a dual round-robin switch. In: IEEE INFOCOM, vol 3, pp 1688—1697

[28] Liao Y, Yin D, Gao L (2010) DPillar: scalable dual-port server interconnection for data center networks. In: IEEE International Conference on Computer Communications and Networks (ICCCN), pp 1—6

[29] Luijten R, Grzybowski R (2009) The OSMOSIS optical packet switch for supercomputers. In: Conference on Optical Fiber Communication OFC 2009. pp 1—3

[30] Mahony FO et al (2010) A 47times10 Gb/s 1.4 mW/(Gb/s) Parallel Interface in45 nm CMOS. In: IEEE international solid-state circuits conference 45(12): 2828—2837

[31] McKeown N (1999) The iSLIP scheduling algorithm for input-queued switches. IEEE/ACM Trans Networking 7(2):188—201
[32] McKeown N, Mekkittikul A, Anantharam V, Walrand J (1999) Achieving 100% throughput in an input-queued switch. IEEE Trans Comm 47(8):1260—1267
[33] Meng X, Pappas V, Zhang L (2010) Improving the scalability of data center networks with traffic-aware virtual machine placement. In: IEEE INFOCOM, pp 1—9, 14—19
[34] Miller R (2008) Microsoft: 300,000 servers in container farm. http://www.datacenter knowledge. com/archives/2008/05/07/microsoft-300000-servers-in-container-farm. Accessed May 2008
[35] Miller R (2009) Who has the most web servers? http://www.datacenterknowledge. com/archives/2009/05/14/whos-got-the-most-web-servers. Accessed May 2009
[36] Minkenberg C, Abel F, Muller P, Krishnamurthy R, Gusat M, Dill P, Iliadis I, Luijten R, Hemenway R, Grzybowski R, Schiattarella E (2006) Designing a crossbar scheduler for HPC applications. IEEE Micro 26(3):58—71
[37] Miyazaki Y, Miyahara T, Takagi K, Matsumoto K, Nishikawa S, Hatta T, Aoyagi T, Motoshima K (2006) Polarization-insensitive SOA-MZI monolithic all-optical wavelength converter for full C-band 40Gbps-NRZ operation. In: European conference on optical communication, pp 1—2, 24—28
[38] Niranjan Mysore R, Pamboris A, Farrington N, Huang N, Miri P, Radhakrishnan S, Subramanya V, Vahdat A (2009) PortLand: a scalable fault-tolerant layer 2 data center network fabric. In: SIGCOMM'09: Proceedings of the ACM SIGCOMM 2009 conference on data communication. ACM, New York, pp 39—50
[39] Pina J, Silva H, Monteiro P, Wang J, Freude W, Leuthold J (2007) Performance evaluation of wavelength conversion at 160 Gbit/s using XGM in quantum-dot semiconductor optical amplifiers in MZI configuration. In: Photonics in switching, 2007, pp 77—78, 19—22

[40] Sudan R, Mukai W (1994) Introduction to the Cisco CRS-1 carrier routing system. Cisco Systems, Inc. White Paper

[41] Wang G, Andersen DG, Kaminsky M, Papagiannaki K, Ng TSE, Kozuch M, Ryan M (2010) c-Through: part-time optics in data centers. In: SIGCOMM'10: Proceedings of the ACM SIGCOMM 2010 conference on data communication. ACM, New York

[42] Xue F, Ben Yoo S (2004) High-capacity multiservice optical label switching for the next generation Internet. IEEE Comm Mag 42(5): S16—S22

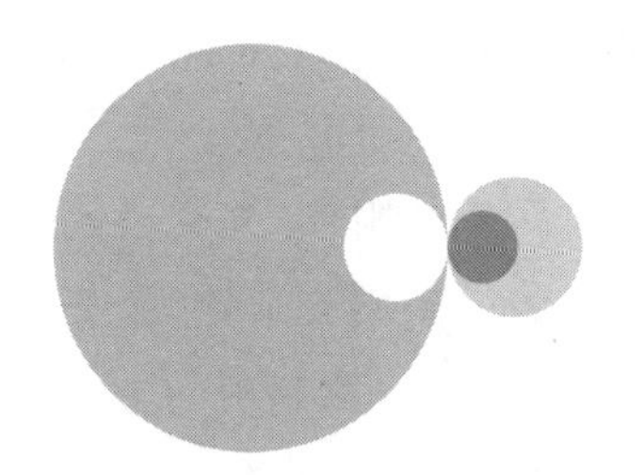

第9章 高性能数据中心中的光互联

9.1 引言

多年来，得益于对一系列光子固有物理属性的设计和挖掘，光子技术不断进步并展现出前所未有的数据传输能力。基于导波光学器件的巨大带宽（对于光纤，约为 32 THz[1]）实现的波分复用（WDM）技术，体现了其在单一光学物理通道中颠覆性的数据传输能力。单模光纤的容量超过 20 Tb/s[2]，数据传输速率比铜线介质的高许多个数量级。光学介质的低损耗特性使其具有极高的带宽距离积和带宽能效积，这极大地提升了之前由电子技术限制所导致的互联瓶颈[3]。此外，光纤具有更小的弯曲半径、体积和重量，易于实现更加稳定可靠的物理布线。

因此，最近光介质已经大量渗透到大规模集群计算系统中，而前所未有的计算应用规模和硬件并行化程度的增长都对这些系统的底层互联网络提出了更高的通信要求。考虑到系统中存在大量的计算和存储元件，其性能很大程度上依赖于节点（如处理器、内存和存储器）之间海量数据的有效交换。因此，互联网络能够支持在高度分布式环境下不同机器之间的高带宽低时延通信，

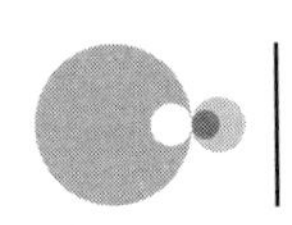

已经成为大规模计算系统的普遍需求[4]。

系统设计人员已经开始在大规模计算系统中以点对点链路的方式应用光互联技术[3][5]。虽然点对点光互联已经受到商业上的重视和接受，但它们仅能减轻部分当前计算系统出现的带宽和功率困扰。在每个光链路的终端，仍然需要传统的电交换。随着这些交换在端口数和容量上进一步扩展，它们逐渐逼近性能极限。更糟糕的是，电交换的功耗已经非常高，并且还将继续随端口数和带宽呈超线性增长。

因此，为了有效地解决功率、带宽和时延等方面对系统的限制，光交换网络已经成为可行的解决方案。通过提供从源到目的地的端到端光通路，全光网络可以摒弃电域和光域之间昂贵的光电转换。光交换依照光路路由的方式工作，这与电交换的技术存在根本性不同，因为电交换必须单独地存储转发每比特信息，这使得传统的电交换在操作每个比特时都要消耗能量，因此导致功耗与信息传输速率成正比。然而，通过光交换开关的光路对其携带的信息保持透明，这是被称为速率透明的关键特性[6]。因此，与电交换不同，光交换的功耗与其信息传输速率无关。这可以通过显著地提高传输带宽（使用诸如WDM等技术），使全光互联网络实现极低的比特功耗成为可能。

虽然速率透明对于设计高带宽、低功耗交换非常有利，但同时光也存在其他属性使得实现全光交换变得非常具有挑战性。根据光交换中使用的设计和技术，必须仔细考虑由于诸如噪声和光学非线性的影响而导致的信号损伤和失真。更关键的是，光学介质的固有局限带来了两个必须解决的架构方面的挑战，即缺乏有效的光缓存和在光域中只能实现极其有限的处理能力。电交换严重依赖于随机存取存储器（RAM）来缓存数据，同时进行路由判决并解决竞争问题。在电子设备中处理和解析有效报头非常简单。由于在光域中不存在类似RAM的器件和处理器，所以诸如竞争和报头解析的关键功能将需要以光交换所特有的方式来处理，这使得全光网络的设计也变得非常独特。以下部分中，我们将描述两种互联网络架构，它们利用了光的大容量和低时延优势，同时也利用独特的系统级解决方案来实现光缓存和信号处理。

9.2 Data Vortex

Data Vortex构架[7]是专门为实现全光分组交换而设计的，由简单的2×2全光交换节点组成（见图9.1）。每个节点使用两个半导体光放大器（SOA）来执行开关操作。利用 SOA 的宽增益谱特性，该网络采用了多波长并行分组格式(见图 9.2)，高比特速率的有效净荷数据被分配到多个波长信道上，低比特速率的地址信息被编码到专用波长信道上(具体编码方式是针对一个分组在每个波长上各安排一个比特)。节点内的无源光分束器和滤波器提取相关的路由信息(帧比特表示分组是否存在，分组头比特确定交换开关的配置)，随后用低速探测器接收。两个 SOA 由高速电子判决电路控制，并且基于恢复的分组头信息来决定分组的路由。

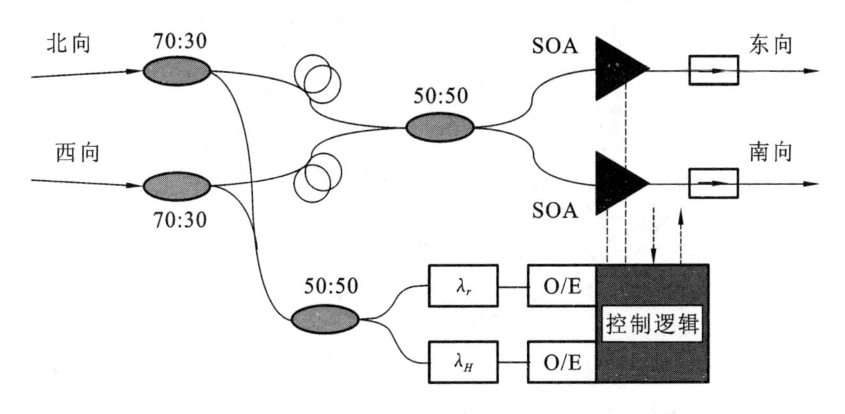

图 9.1　2×2 Data Vortex 交换节点设计

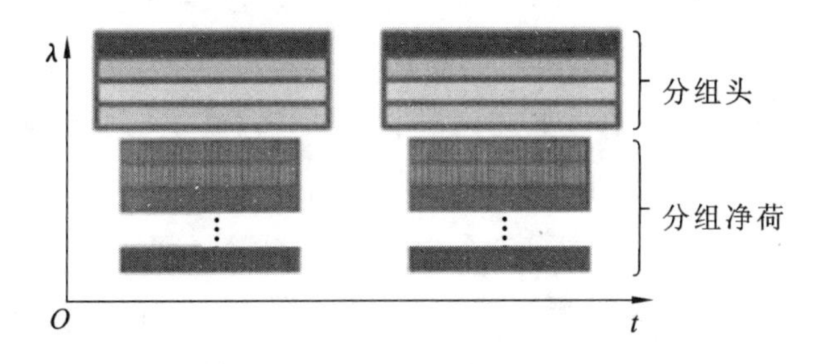

图 9.2　多波长并行分组格式

在 Data Vortex 拓扑结构中，2×2 交换节点组成同心圆柱体，并根据它们在拓扑结构内的位置进行寻址，它们的位置由柱面、高度和角度(C、H、A)来表示(见图 9.3)。交换开关布置在具有终端对称性(terminal symmetry)的完全连接有向图中，但这不是完全的顶点对称(vertex symmetry)。单一分组路由节点是完全分布式的，不需要集中式仲裁。Data Vortex 的拓扑首先可划分为 C 个层次结构或圆柱体，类似于常规 Banyan 网络(如 Butterfly 网络)中的

各级。该架构还可允许在每个节点处实现偏射路由，偏射路径仅位于不同的圆柱体之间。其次，每个圆柱体(或级)包含圆周方向上的 A 个节点以及长度方向上的 $H=2^{C-1}$ 个节点。因此，Data Vortex 拓扑总共包含 $A\times C\times H$ 个交换开关或节点，具有 $A\times H$ 个相同数量的输入端和输出端。每个节点的位置通常由三元组给出 (c,h,a)，其中 $0\leqslant c\leqslant C-1$，$0\leqslant h\leqslant H-1$，$0\leqslant a\leqslant A-1$。

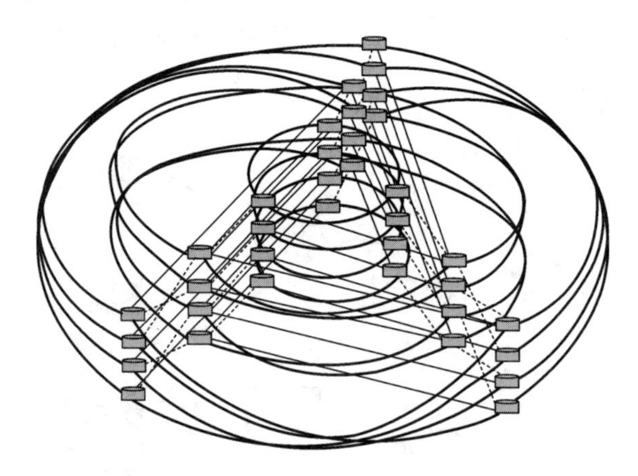

图 9.3　12×12 Data Vortex 全光分组交换机的拓扑结构，由 36 个 2×2 交换节点组成。粗线代表偏射光纤，而细线代表入环光纤

交换节点使用一组入环光纤，用来连接相邻圆柱体中相同高度的节点，而偏射光纤用来连接同一圆柱体内不同高度的节点。入环光纤在整个系统中具有相同的长度，偏射光纤也是如此。偏射光纤在高度上的交叉连接方式可以在每一跳节点处引导分组通过不同的高度，以实现 Banyan 路由(如 Butterfly 和 Omega)。此举有助于平衡整个系统的负载，减轻局部拥塞[8]~[10]。

输入分组被发送到最外层圆柱的节点中，并以同步、时隙化的方式在系统内传播。由常规命名法可以看出，随着分组向内层圆柱移动并越来越接近网络输出端，其实也就是分组逐步向更高编号的圆柱传输。在每个时隙，各个节点或处理单个分组，或保持空闲状态。当分组进入节点 (c,h,a) 时，分组头的第 c 个比特与节点高度坐标 (h) 中的第 c 个最高有效比特进行比对。如果二者匹配，则分组通过该节点的南向输出端口进入节点 $(c+1,h,a+1)$。否则，它会在同一圆柱体内向东移动到节点 $(c,G_c(h),a+1)$，其中 $G_c(h)$ 定义为上述高度上的交叉连接(对于圆柱 c)[10][11]。因此，只有当分组的第 c 地址位匹配时才进入编号更高的圆柱中去，并保留 $c-1$ 个最高有效比特位。在这种分布式方案中，数据分组通过按位 Banyan 解码的方式交换到其目的地高度位置。此外，节点之间的所有路径每前进一个角度，接下来或者继续围绕相同的圆柱体移动到不同高度，或者在相同高度进入下一级的圆柱体。偏射信号仅连接于相邻圆柱体上相同角度的节点，即从$(c+1,h,a)$处的节点到$(c,G_{c+1}(h),a)$处的节点。

圆柱内的连接路径根据圆柱级数 c 的不同而不同。最外层圆柱$(c=0)$的交叉或分拣模式(即由 $G_c(h)$定义的高度值之间的连接)必须保证所有路径从圆柱的上半部分跨越到圆柱的下半部分。这样拓扑图才能保持完全连接，按位寻址方案才能正常工作。内圆柱还必须分成 $2c$ 个完全连接且不同的子图。只有最后级或圆柱$(c=C-1)$可以包含相同高度节点之间的连接。圆柱间交叉必须确保目的地可以以二叉树状的方案寻址，类似于其他二进制 Banyan 网络。

Data Vortex 架构内的寻址是完全分布式并且按位进行的，类似于其他 Banyan 架构。随着分组向内前进，二进制地址的每位都依次与目的地地址匹配。每个圆柱只检测一位地址(除最内层外)：值为 1 则进入上半高度，值为 0 则进入下半高度，拓扑以 Banyan 二叉树结构形式排列。在给定的圆柱 c 内，特定高度(即(c,h))处所有角度的节点都匹配相同的第 $c+1$ 有效位值，而传输路径确保了保留 c 个最高有效地址位。因此，随着分组依次进入下一级的圆柱，目的地址中更高精度的比特位用来进行地址匹配。在最后一个圆柱 $c=C-1$ 上，角度维度上的每个节点在目的地址中被分配了最低有效值。分组在该柱面中循环，直至找到最后一个 $\log_2 A$ 位的匹配(所谓的角度分辨寻址)[8]。

Data Vortex 全光分组交换是一个为光媒质专门设计、独特的高性能网络架构。其总体目标是设计一个利用 WDM 技术实现超高带宽的实用架构，并降低路由复杂度，同时通过将分组保持在光域中并避免光缓存来保持最小的传输时延[7]。依照上述目标，我们已经实现并演示了一个具有 12 个端口的 Data Vortex 原型[8]，分析和验证了其物理层的可扩展性[12][13]，并开展了对其光学动态范围和分组格式灵活性的进一步实验研究[14][15]。我们也研究了 Data Vortex 中的信号损伤问题[16][17]，并使用源同步嵌入式时钟实现了数据再同步和恢复[18]。在参考文献[19]中，我们还提出了可扩展的透明分组注入模块和用于 Data Vortex 的分组缓存，在参考文献[20]～[23]中探讨了替代架构的实现和性能优化方案。

9.3 SPINet

基于间接多级互联网络(MIN)拓扑,我们利用光子集成技术设计了SPINet(可扩展光子集成网络)[24],同时利用WDM技术来简化网络设计并提供非常高的带宽。SPINet不使用缓存,而是通过丢包来解决竞争。新的物理层确认协议提供了即时反馈,通知终端数据是否被接受,并且当需要时以类似于传统多址媒质中的方式进行数据重传。

SPINet网络由基于SOA的2×2无缓存光交换节点组成[25][26]。其拓扑结构依据实现方式的不同可以有所不同,并且如果相关器件在技术上可行,则可以使用更大基数的交换节点。网络采用时隙化和同步的方式工作,数据分组具有固定的持续时间。最小的时隙长度由光信号在计算节点到网络端口间的往返传播时间确定。因此,100 ns的时隙时间可以适应接近20 m的传播路径。

SPINet网络的一种可能的拓扑是Omega架构,它是二元Banyan拓扑中的一种[4]。$N_T \times N_T$ Omega网络由$N_S = \log_2 N_T$个相同的路由交换级组成。每级包括一个均匀洗牌(shuffle)连接以及后面紧跟的$N_T/2$个开关元件,如图9.4(a)所示。在Omega网络中,每个开关节点具有四种允许状态(直连、交叉、上部广播和下部广播)。在这个设计中,我们去除了开关的广播状态,而引入四个新状态(上部直连、上部交叉、下部直连和下部交叉)。在这四种状态中,开关仅将一个输入端口的数据传递到输出端口,而另一个输入端口的数据被丢弃(见图9.4(c))。

在每个时隙的开始处,任一终端都可以发送消息,而无需事先请求或授权。数据分组通过光纤传输到网络输入端并且被透明地转发到第一个路由交换级的交换节点。在每个路由交换级,当从一个或两个输入端口接收到数据分组的前沿时,节点进行路由判决,之后数据分组继续传输到它们请求的输出端口。在开关节点中出现输出端口竞争的情况下,网络会丢弃其中一个竞争数据分组,丢弃策略可以是随机、交替或基于优先级的。由于通过每个路由交换级的传输时延是相同的,因此所有被发送进网络的数据分组的前沿均能同时到达每级的各个开关节点。

开关节点的切换状态由数据分组的前沿确定,并在整个分组的持续时间内保持恒定,因此整个数据分组信息沿着由其前沿确定的路径传输。由于交

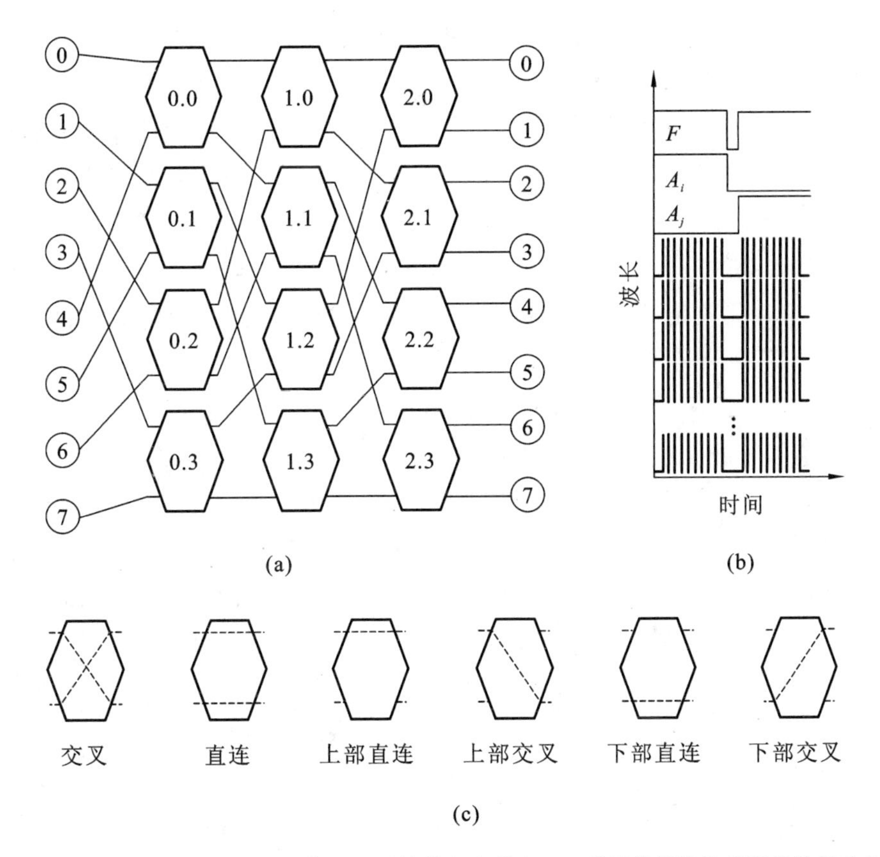

图 9.4 (a)8×8 的 Omega 网络;(b)开关的六个状态;(c)采用并行波长编码的数据分组格式。分组头比特和有效载荷编码在特定波长信道上[25]

换网络可以通过理想的集成光子芯片(PIC)设计实现,其传输时延与数据分组的持续时间相比非常短,数据分组延伸在整个 PIC 上,从而有效地在输入和输出之间建立了透明的光路。当数据分组到达输出模块时,可以通过输出光纤透明地转发到适当的终端。同时,目的地终端产生确认光脉冲信号并沿相反方向将其发送到先前决定的光通路上。因为整个交换网络的开关单元都保持其状态并支持双向传输,所以当源端接收到确认脉冲时,就可以确认数据分组已被成功接收。

当时隙持续时间结束时,所有终端同时停止传输,开关节点重置其开关状态,并且网络为新时隙做好准备。合理设置时隙持续时间可以确保源端在时隙结束之前接收到确认脉冲。因此,在下一时隙开始之前,每个源端均知道其数据分组是否被接收。必要时,它可以选择立即重传数据分组。

为了充分发挥光信号在交换网络中传输的超低时延特性，SPINet 避免使用集中式调度，而是利用各个开关节点的分布式计算能力来产生每个时隙的输入/输出匹配。这种分布式仲裁可以使交换网络具有可扩展性并有利于实现大基数的交换机，而不会受到集中式仲裁器中复杂的最大匹配算法的计算限制。由于 SPINet 使用阻塞拓扑来降低硬件复杂性，因此整个交换网络的利用率低于传统的最大匹配非阻塞网络（如用于高性能互联网络路由器的交换结构）。利用集成光子学技术，可以通过增加少量的路由交换级数来提高整个网络的利用率。

SPINet 利用了波长资源，使得开关节点的路由机制变得简单，可以在接收到专有波长的信号前沿时立即确定并执行路由决策，而且在开关节点之间不需要任何额外的信息交换。该机制在数据分组的持续时间内保持恒定的切换状态。数据分组格式采用并行波长方式构造，相同的构造方式也应用在 Data Vortex 架构中，这种方式是通过牺牲光纤巨大带宽的一小部分以简化开关节点设计。如图 9.4(b)所示，分组头路由信息和数据分组有效载荷分别调制在不同的波长信道上并且由节点同时接收。分组头由表示消息存在的帧比特位和几个地址比特位组成。每个报头比特调制在特定波长上并且在整个数据分组的持续时间中保持恒定。当使用二进制网络时，每个路由交换级都需要一个地址比特位来决定路由状态，因此地址编码所需的波长数等于网络中路由交换级的数目，或者 $\log_2$(端口数)。开关节点的路由决策完全基于报头中的源端信息。开关节点既不交换额外的信息，也不向分组添加任何信息。在输入端，有效载荷被分段并且利用开关的宽频特性调制在不同波长上。在有效载荷传输之前先分配一个保护时间，以适应 SOA 的切换时间、有效载荷接收时的时钟恢复和同步时间误差。

9.4　数据中心的组网挑战

与其他全光网络有所不同，上述网络架构具有实现大型计算系统持续扩展所需的超高带宽和超低功率密度的功能。然而，这些系统代表了一系列广泛的计算应用类别，范围从高度专业化的设计到通用的成本驱动型的计算环境。例如，云服务的日益普及持续推动创建更大和更强的数据中心。由于这些服务在数量和规模上都有所扩展，因此应用程序的计算存储要求通常远远超出单个服务器机架能够支持的极限。此外，通过增加当前微处理器和芯片多处理器(CMP)中的并行化程度来提高计算密度已经导致大量的芯片外通信需求。因此,与超级计算机相似,现代数据中心拥有超过数十万个端口和Pb/s的汇聚带宽,其性能越来越受到通信能力的限制[27]。

然而,由于传统电交换的带宽和端口密度与成本的超线性关系,让网络存在收敛是常用的做法。因此,当不同机架中的服务器之间需要信息交换时,数据通信带宽成为数据密集型计算的严重瓶颈。与高性能计算系统不同,数据中心本质上是一个集中式的计算资源池,其内部运行的应用程序呈现显著的异构性,由此产生的工作负载具有不可预测性,因而会导致显著的流量波动,这将严重限制通过静态流量模型建立起来的存在收敛网络的运行效率。

能量效率也成为数据中心设计的关键参数[28]。当前电互联的功率密度已经非常高(几百千瓦),并且继续呈指数增长。就目前而言,如果考虑所需的专用冷却系统,位于多层网络中更高层的单个交换机的功耗可以达到几十千瓦。此外,对当前已部署数据中心的监测发现,服务器的平均利用率低至30%[29],这表明由于缺乏数据导致硬件空闲从而造成了大量的能量浪费。

因此,改善机架间通信瓶颈已成为构建下一代数据中心的关键目标。完全对分带宽、“全部服务器一视同仁”的互联网络的实现不仅将加速大规模分布式应用的执行,而且还可以通过提供足够的网络带宽来解决服务器利用率低的问题,以确保最小的闲置功耗。此外,在整个数据中心,计算和存储资源之间增加互联带宽便于虚拟化技术灵活运用,从而进一步提高能效。

尽管微电子技术供应商一直致力于开发用于高性能交换机和路由器的专用集成芯片(ASIC),但数据中心庞大的规模以及数据密集型应用需要更好的连接性和更高的连接带宽,这要求在分层分组交换的电互联网络中采用超额配置。虽然前期在架构和算法方面的努力已经在很大程度上提高了数据中心网络整体性能[30][31],但这些方案最终将受到底层电子技术根本性瓶颈的限制。

最近,在数据中心网络背景下,研究人员已经开始探索采用光电路交换提供机架间低成本互联的可行性。Helios[32]和C-Through[33]就代表了两种数据中心网络架构,其中提出了使用基于微机电系统(MEMS)的光交换,即在现有的存在收敛的电分组交换(EPS)网络中增加光交换平台,形成利用各技术相应优点的电/光混合架构。这些初始工作已经成功证明了在数据中心背景下,与常规电互联网络相比,光子技术可以显著地增加网络容量,以及降低网络的

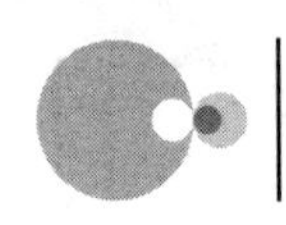

复杂性、组件成本和功耗。另一种称为 Proteus 的网络架构则结合波长选择性开关和空间开关，进一步为每个光链路提供不同的交换粒度，以适应从数 Gb/s 到数百 Gb/s 的不同需求[34]。

虽然应用程序的异构性导致网络流量呈现出不可预测的特性，但在数据中心已经观察到，仅在少数架顶(ToR)交换机中出现长数据流的通信模式[35]。因此，上述架构的实用性还依赖于这种系统内业务模型的稳定性。尽管如此，带宽灵活性仍然是未来数据中心网络的关键指标，因为随着互联需求的增加，应用服务需要更为丰富的通信带宽。当基于由一组具有代表性的实际应用所产生的通信模型进行研究时，可以发现仅使用毫秒级开关时间的交换架构会使网络的有效性存疑[36]。

9.5 结论

传统的超级计算机通常采用专用的顶级组件和协议，以支持高度协调的分布式计算工作，如大规模并行、长时运行的算法，以解决复杂的科学问题。因此，这些应用对处理器到处理器和处理器到存储器之间的通信提出了非常严格的时延要求，这代表了高度专有系统的主要瓶颈。

另外，由企业和学术机构部署的数据中心主要运行面向用户的通用型云服务应用程序，主要由通用服务器和交换机组成。通过数据中心网络传输的大多数数据分组构成了非常短的随机链路。然而，也存在少量的长流，且这些长流占据了网络传输数据量的大部分。此外，网络边缘的流量通常是突发和不可预测的，从而导致遍布系统各处的局部流量热点，这是网络拥塞和利用率下降的主要因素。带宽限制是导致数据中心性能下降的主要原因，但是与超级计算机相比，这些系统对时延的要求相对宽松。

因此，上述系统的应用需求和业务模型相差很大，这也导致高度多样化的网络需求。因此，除了利用光通信技术提高系统容量、增加带宽距离积和减小功率消耗外，带宽灵活性也同样是使光互联在未来高性能数据中心和超级计算机中成为可能的关键要素。

参考文献

[1] Agrawal GP(2002) Fiber-optic communication systems. Wiley, New York

[2] Gnauck AH, Charlet G, Tran P, Winzer PJ, Doerr CR, Centanni JC,

Burrows EC, Kawanishi T, Sakamoto T, Higuma K (2008) 25. 6-Tb/s WDM transmission of polarization-multiplexed RZ-DQPSK signals. IEEE J Lightwave Technol 26:79—84

[3] Benner AF, Ignatowski M, Kash JA, Kuchta DM, Ritter MB (2005) Exploitation of optical interconnects in future server architectures. IBM J Res Dev 49(4/5):755—775

[4] Dally WJ, Towles B (2004) Principles and practices of interconnection networks. Morgan Kaufmann, San Francisco

[5] Kash JA, Benner A, Doany FE, Kuchta D, Lee BG, Pepeljugoski P, Schares L, Schow C, Taubenblatt M (2011) Optical interconnects in future servers. In: Optical fiber communication conference, Paper OWQ1. http://www.opticsinfobase.org/abstract.cfm? URI=OFC-2011-OWQ1

[6] Ramaswami R, Sivarajan KN (2002) Optical networks: a practical perspective, 2nd edn. Morgan Kaufmann, San Francisco

[7] Liboiron-Ladouceur O, Shacham A, Small BA, Lee BG, Wang H, Lai CP, Biberman A, Bergman K (2008) The data vortex optical packet switched interconnection network. J Lightwave Technol 26 (13):1777—1789

[8] Shacham A, Small BA, Liboiron-Ladouceur O, Bergman K (2005) A fully implemented 12×12 data vortex optical packet switching interconnection network. J Lightwave Technology 23(10):3066—3075

[9] Yang Q, Bergman K, Hughes GD, Johnson FG (2001) WDM packet routing for high-capacity data networks. J Lightwave Technol 19(10):1420—1426

[10] Yang Q, Bergman K (2002) Traffic control and WDM routing in the data vortex packet switch. IEEE Photon Technol Lett 14(2):236—238

[11] Yang Q, Bergman K (2002) Performance of the data vortex switch architecture under nonuniform and bursty traffic. J Lightwave Technol 20(8):1242—1247

[12] Liboiron-Ladouceur O, Small BA, Bergman K (2006) Physical layer scalability of a WDM optical packet interconnection network. J Lightwave Technol 24(1):262—270

[13] Liboiron-Ladouceur O, Bergman K, Boroditsky M, Brodsky M (2006) Polarization-dependent gain in SOA-Based optical multistage interconnection networks. IEEE J Lightwave Technol 24(11):3959—3967

[14] Small BA, Lee BG, Bergman K (2006) Flexibility of optical packet format in a complete 12×12 data vortex network. IEEE Photon Technol Lett 18(16):1693—1695

[15] Small BA, Kato T, Bergman K (2005) Dynamic power consideration in a complete 12×12 optical packet switching fabric. IEEE Photon Technol Lett 17(11):2472—2474

[16] Small BA, Bergman K (2005) Slot timing consideration in optical packet switching networks. IEEE Photon Technol Lett 17(11):2478—2480

[17] Lee BG, Small BA, Bergman K (2006) Signal degradation through a 12×12 optical packet switching network. In: European conference on optical comm., We3. P. 131, pp 1—2, 24—28. doi: 10. 1109/ECOC. 2006. 4801324 http://ieeexplore. ieee. org/stamp/stamp. jsp? tp=&arnumber=4801324&isnumber=4800856

[18] Liboiron-Ladouceur O, Gray C, Keezer DC, Bergman K (2006) Bit-parallel message exchange and data recovery in optical packet switched interconnection networks. IEEE Photon Technol Lett 18(6):770—781

[19] Shacham A, Small BA, Bergman K (2005) A wideband photonic packet injection control module for optical packet switching routers. IEEE Photon Technol Lett 17(12):2778—2780

[20] Shacham A, Bergman K (2007) Optimizing the performance of a data vortex interconnection network. J Opt Networking 6(4):369—374

[21] Liboiron-Ladouceur O, Bergman K (2006) Hybrid integration of a semiconductor optical amplifier for high throughput optical packet switched interconnection networks. Proc SPIE 6343—121, doi:10. 1117/12. 708009

[22] Liboiron-Ladouceur O, Bergman K (2006) Bistable switching node for optical packet switched networks. In: Proceedings 19th Annual Meeting of the IEEE Lasers and Electro-Optics Society (LEOS), 2006. Paper

WW5, pp 631—632. http://ieeexplore. ieee. org/stamp/stamp. jsp? tp = &arnumber=4054342&isnumber=4054019

[23] Yang Q (2005) Improved performance using shortcut path routing within data vortex switch network. Electron Lett 41(22):1253—1254

[24] Shacham A, Bergman K (2007) Building ultralow latency interconnection networks using photonic integration. IEEE Micro 27(4):6—20

[25] Shacham A, Lee BG, Bergman K (2005) A scalable, self-routed, terabit capacity, photonic interconnection network. In: Proceedings of 13th Ann. IEEE Symp. High-Performance Interconnects (HOTI 05). IEEE CS Press, pp 147—150. doi: 10. 1109/CONECT. 2005. 6 http://ieeexplore. ieee. org/stamp/stamp. jsp? tp=&arnumber=1544590&isnumber=32970

[26] Shacham A, Lee BG, Bergman K (2005) A wideband, non-blocking, 2×2 switching node for a SPINet network. IEEE Photonic Technol Lett 17 (12):2742—2744

[27] Vahdat A, Al-Fares M, Farrington N, Mysore RN, Porter G, Radhakrishnan S (2010) Scale-out networking in the data center. IEEE Micro 30(4):29—41

[28] Abts D, Marty MR, Wells PM, Klausler P, Liu H (2010) Energy proportional datacenter networks. In: Proceedings of 37th annual international symposium on computer architecture (ISCA'10), pp 338—347 ACM, New York, NY, USA http://doi. acm. org/10. 1145/1815961. 1816004

[29] Meisner D, Gold BT, Wenisch TF (2009) PowerNap: eliminating server idle power. In: Proceedings of the 14th international conference on architectural support for programming languages and operating systems (ASPLOS'09), New York, NY, USA pp 205—216. http://doi. acm. org/10. 1145/1508244. 1508269

[30] Al-Fares M et al (2008) A scalable, commodity data center network architecture. SIGCOMM Comp Comm Rev 38(4):63—74

[31] Greenberg A et al (2009) Vl2: a scalable and flexible data center network. SIGCOMM Comp Comm Rev 39(4):51—629

[32] Farrington N, Porter G, Radhakrishnan S, Bazzaz HH, Subramanya V,

Fainman Y, Papen G, Vahdat A (2010) Helios: a hybrid electrical/optical switch architecture for modular data centers. In:SIGCOMM '10 proceedings of the ACM SIGCOMM 2010 conference on SIGCOMM. ACM,New York,pp 339—350

[33] Wang G,Andersen DG,Kaminsky M,Papagiannaki K,Ng TE,Kozuch M,Ryan M (2010) c-Through: part-time optics in data centers. In: SIGCOMM '10 proceedings of the ACM SIGCOMM 2010 conference on SIGCOMM. ACM,New York,pp 327—338

[34] Singla A,Singh A,Ramachandran K,Xu L,Zhang Y (2010) Proteus:a topology malleable data center networks. In:Hotnets' 10 proceedings of the ninth ACM SIGCOMM workshop on hot topics in networks. ACM, New York,article 8

[35] Benson T, Anand A, Akella A, Zhang M (2009) Understanding data center traffic characteristics. In:Proceedings of the 1st ACM workshop on research on enterprise networking, Barcelona, Spain, 21 August 2009. WREN' 09. ACM,New York,pp 65—72

[36] Bazzaz HH, Tewari M, Wang G, Porter G, Ng TSE, Andersen TG, Kaminsky M, Kozuch MA, Vahdat A (2011) Switching the optical divide: fundamental challenges for hybrid electrical/optical datacenter networks. In: Proceedings of SOCC'11: ACM symposium on cloud computing,Cascais,Portugal,Oct 2011